La osteoporosis

La osteoporosis

Revelando la voz de la enfermedad silenciosa

Plataforma Editorial

Primera edición en esta colección: enero de 2025

Plataforma Editorial
c/ Muntaner, 269, entlo. 1.ª – 08021 Barcelona
Tel.: (+34) 93 494 79 99
www.plataformaeditorial.com
info@plataformaeditorial.com

Depósito legal: B 22641-2024
ISBN: 978-84-10243-97-2
IBIC: PDZ

Printed in Spain – Impreso en España

Diseño de cubierta:
Arantxa Álvarez

Adaptación de cubierta:
Grafime, S.L.

Fotocomposición:
gama, sl

El papel que se ha utilizado para imprimir este libro proviene
de explotaciones forestales controladas, donde se respetan
los valores ecológicos y sociales, y el desarrollo sostenible del bosque.

Impresión:
Romanyà Valls
Capellades (Barcelona)

Índice

Algunas notas iniciales

Soy visitadora desde hace más de veinte años. He observado de cerca el esfuerzo y dedicación de los profesionales de la salud en su lucha contra las enfermedades reumáticas y las patologías óseas como la osteoporosis. A diario visito consultorios y hospitales, y cada encuentro me brinda una visión más profunda del compromiso de esos expertos sanitarios para mejorar la calidad de vida de sus pacientes.

Las enfermedades reumáticas representan un desafío constante en el campo de la medicina, no solo afectan físicamente a los pacientes, sino que también tienen un impacto significativo en su bienestar, emocional y social, así como en el de sus familiares y cuidadores. La osteoporosis, por ejemplo, es una enfermedad silenciosa (no nos cansaremos de recordarlo en las siguientes páginas) que debilita los huesos, aumentando el riesgo de fractura y, en muchos casos, limitando severamente la funcionalidad y la independencia de quienes la padecen. Sin embargo, detrás de cada diagnóstico, hay un equipo de profesionales trabajando para ofrecer soluciones innovadoras y tratamientos efectivos.

He visto en primera persona cómo los reumatólogos y sus enfermeras no se conforman simplemente con tratar los síntomas. Su objetivo es entender las causas ocultas, mejorar los métodos de diagnóstico y desarrollar terapias que no solo mitiguen el dolor de una fractura, sino que fortalezcan los huesos y restauren su funcionalidad. Estos especialistas combinan su amplio conocimiento científico con una profunda empatía hacia sus pacientes, asegurándose de que cada tratamiento sea personalizado para abordar las necesidades únicas.

Este libro pretende ser muchas cosas: un texto divulgativo y comprensible, didáctico y cercano; al mismo tiempo que riguroso científicamente. Una guía para quien padece la enfermedad y un amplificador de conciencias para quien no la padece. Pero, por encima de todo, constituye un testimonio del trabajo y la dedicación de estos profesionales de la salud especialistas en la materia.

A través de una serie de capítulos escritos por expertos, exploraremos los avances más recientes en el diagnóstico y tratamiento de esta enfermedad reumática y ósea: la osteoporosis. Nos comprometemos a brindar información precisa y confiable, respaldada por la evidencia científica más reciente, pero también a informar con claridad y voluntad de servicio.

Nuestra intención, por lo tanto, es que este libro sea una guía útil para quienes convivís con la osteoporosis, pacientes, familiares, cuidadores y cualquier persona que esté interesada en cómo mejorar su calidad de vida cuando los huesos se rompen. Queremos que os sintáis apoyados y acompañados en cada paso del camino.

Gracias por confiar en nosotros y esperamos que esta obra os proporcione la claridad y el soporte necesario para gestionar la osteoporosis con tranquilidad y confianza.

En mi papel de coordinadora de esta obra no quisiera despedirme sin antes agradecer a todos los que me han acompañado, ayudándome a organizar el libro y haciendo posible su edición:

A Àlex y a Fran, por creer en mí siempre.

A Marina, por estar.

A Montse y a Raúl, por ayudarme a arrancarlo.

A Jordi, por escuchar mi proyecto y abrirme las puertas de la Universitat Rovira i Virgili.

A las autoras y autores del libro, por confiar en mí y hacerme fácil todas las gestiones de contenido, redacción y diseño.

A Juan Carlos, por ser el guía y enseñarme los secretos que se esconden tras la portada de un libro y, sobre todo, por las risas (tan necesarias).

Y, por supuesto, a Martina y a Pol, por seguir creyendo que mami todo lo hace bien.

Espero que os guste.

Abi Martínez Espiau

Primera parte
¿Qué es la osteoporosis? Primeras recomendaciones

«La salud es la mayor posesión.
La alegría es el mayor tesoro.
La confianza es el mayor amigo».

LAO-TSE (filósofo y poeta chino
del siglo VI a.C.)

1. Entendiendo la osteoporosis (OP)

Dr. Alfons Lorenzo

Laura siempre había sido una mujer de carácter positivo y enérgico. A sus cincuenta y dos años se enfrentaba a la reciente aparición de la menopausia con la misma determinación con la que había encarado los desafíos de su vida. Con la firme comprensión de quien se repite «es ley de vida» para aceptar quién es y en qué momento vive sin hacerse daño. Sin embargo, esa tarde de otoño, un desafortunado accidente lo cambió todo, incluso su forma de ver el mundo y su presente. Laura caminaba por la calle en una mañana que había despertado ausente de nubes, disfrutando del aire fresco y del sol que empezaba a calentar el día. Tenía prisa, como siempre, esa prisa casi irracional que tenemos todos en este atolondrado siglo, pero se sentía contenta de haberse tomado unos minutos para caminar hasta la panadería del barrio en lugar de conducir. Eso le llevó a recordar que hace mil años que no iba al gimnasio y que las series de Netflix la tienen demasiado atrapada en el sofá. El culo cuadrado. Queda ya lejos la promesa del primero de enero. Ese «tengo que hacer más ejercicio, tengo que dejar de fumar».

Miró el reloj. Aceleró el paso. Las hojas caídas habían creado una alfombra verdosa y resbaladiza en la acera. Y entonces todo sucedió en un instante: perdió el equilibrio y extendió instintivamente las manos para amortiguar la caída. El impacto fue duro y el dolor inmediato.

Sentada en el suelo, Laura intentó incorporarse, un tanto ruborizada por su torpeza y por las indisimuladas miradas de los transeúntes, pero un dolor agudo en ambas muñecas la detuvo. Un par de personas se acercaron rápidamente para ayudarla. «¿Está bien, señora?», preguntó una joven, mientras otro tipo muy resuelto llamaba una ambulancia. «¿Señora me ha dicho?», pensó para sus adentros Laura, un tanto ofendidita.

Los minutos parecieron horas hasta que llegaron los paramédicos. Laura estaba pálida y temblaba, más por el susto que por el dolor. Trató de mantener la compostura, pero las lágrimas brotaban sin control. «Me he roto las muñecas», dijo su voz apenas un susurro.

La ambulancia la llevó rápidamente al hospital. Durante el trayecto, Laura pensó en su familia. En cómo su marido, Carlos, y sus hijos, Ana y Luis, reaccionarían ante la noticia. «No quiero preocuparlos», dijo a la enfermera acompañante mientras el dolor en sus muñecas aumentaba.

En la sala de urgencias el médico de guardia la recibió con una mezcla de profesionalismo y compasión. Después de una rápida evaluación la envió a hacerse radiografías de ambas muñecas. El tiempo parecía suspendido mientras Laura esperaba los resultados. La sala de espera estaba llena de ruidos: el zumbido de las luces fluorescentes, el murmullo de las conversaciones y el pitido ocasional de algún aparato médico. Carlos, su esposo, llegó justo cuando el doctor regresó con las radiografías. «Laura, tengo los resultados. Has sufrido fracturas en ambas muñecas. Vamos a inmovilizarte y hacer más pruebas. Quiero asegurarme de que no haya algo más en juego aquí».

Laura asintió, aún aturdida por el daño y la preocupación. Mientras le colocaban los yesos se preguntaba a qué se refería el médico con ese «algo más en juego aquí», pero nadie le dio una respuesta, y Carlos le quitó hierro al asunto. Cuando finalmente la acomodaron en una habitación privada Laura se permitió cerrar los ojos y descansar, aunque solo fuera por un instante. Carlos salió a hacer unas llamadas tranquilizadoras a la familia cercana. «Podría haber sido peor. Ha quedado en una fractura». Carlos no lo sabía, pero se había apresurado en sus deducciones.

En la habitación, la mente de Laura no descansaba. Pensaba en su madre, que había sufrido de huesos frágiles en su vejez, y una sombra de preocupación comenzó a asomar. ¿Podría ella también tener problemas similares? Las palabras del doctor resonaban en su cabeza: hacer más pruebas. Sabía que pronto tendría respuestas, pero por ahora lo único que podía hacer era esperar.

Una hora después la puerta chirrió y despertó a Laura que, fruto del cansancio, se había dormido. El médico se acercó a la cama, y su voz, aunque profesional, dejaba entrever una nota de preocupación. «Laura, quiero hacerte unas preguntas sobre tu historial médico», dijo mientras tomaba asiento, «¿has tenido alguna caída o fractura anteriormente?».

Laura negó con la cabeza, tratando de recordar cualquier otro incidente importante, pero no había nada fuera de lo normal. Carlos también hizo inventario mental y nada. El médico continuó, «¿alguna vez te han hecho una densitometría ósea?».

Laura frunció el ceño, intentando recordar. «No, doctor. No recuerdo haberme hecho ninguna. No sé ni lo que es».

El médico asintió lentamente, procesando la información y concluyó, «Verás, no es común que alguien se fracture ambos huesos de la muñeca con una caída tan leve como la que tuviste. Esto puede ser indicativo de que tus huesos son más frágiles de lo normal».

Laura sintió una punzada de inquietud. «¿Qué quiere decir, doctor?».

«Podría ser osteoporosis», respondió él, con tono cauteloso. «Es una condición en la que los huesos se vuelven más porosos y débiles, aumentando el riesgo de fractura. Me preocupa que tus huesos puedan estar afectados».

Laura asimiló la información. «¿Y qué puedo hacer?».

«Lo primero es confirmar el diagnóstico», explicó el médico. «Necesitamos hacer esa densitometría ósea para evaluar eso exactamente, la densidad de tus huesos. También revisaremos tus niveles de calcio y vitamina D».

Laura asintió, agradecida por la claridad y la concreción del médico. Carlos cogió su mano.

¿Qué es la osteoporosis?

La osteoporosis es una de esas condiciones de salud que, aunque no se hable mucho de ella, afecta a una cantidad impresionante de personas en todo el mundo. Para entenderla, imagina tus huesos como si fueran una estructura fuerte y flexible, en constante renovación. Cuando llega la osteoporosis, este equilibrio se rompe, los huesos comienzan a perder densidad mineral, y se vuelven más frágiles y porosos.

La osteoporosis en una enfermedad caracterizada por la pérdida de consistencia y calidad de los huesos, lo que produce una disminución en la resistencia ósea, presentando un mayor riesgo de presentar fracturas frente a esfuerzos o traumatismos de bajo impacto. Hablamos de una enfermedad metabólica crónica, sistémica y progresiva. Suena muy técnico, pero básicamente significa que es una condición que afecta a todo el cuerpo, que avanza lentamente en el tiempo, y que está relacionada con el metabolismo, es decir, con cómo nuestro cuerpo maneja los minerales y otros componentes esenciales. Este desequilibrio en la remodelación ósea conduce a una reducción tanto en la cantidad como en la calidad del hueso. Dicho de otra forma, los huesos se vuelven más delgados, con menos masa cortical y una estructura interna más permeable, con más huecos y más grandes. El resultado final es un esqueleto que, aunque puede parecer fuerte, es en realidad mucho más endeble y propenso a fracturas.

Lo curioso y, al mismo tiempo, preocupante de la osteoporosis es que puede afectar a cualquier persona en cualquier momento de su vida, aunque es más común a medida que envejecemos y en mujeres. Me gustaría ponerlo en datos. En España, por ejemplo, en 2019 había aproximadamente 2.945.000 personas con osteoporosis, la gran mayoría mujeres (79,2 %) y un menor porcentaje de hombres (20,8 %). Esto representa un 5,4 % de la población. Y la proyección para el futuro no es alentadora: se espera que esta cifra aumente significativamente, llegando al 30 % en 2034 debido al envejecimiento poblacional.

Uno de los aspectos más engañosos de la osteoporosis es que es una enfermedad silenciosa. El dolor, aunque suene raro, es siempre un aliado de la medicina porque ofrece a quien lo sufre un sentido de alarma y de consulta. Pero cuando este dolor no aparece, no hay aviso posible. Laura nunca sintió dolor (quizá sí algo de cansancio, pero ¿quién no lo está de vez en cuando?). La mayoría de las veces no muestra síntomas hasta que ocurre la primera fractura. Por eso a esta enfermedad se la conoce como la «epidemia silenciosa». Imagínate vivir con una condición sin darte cuenta de ella hasta que sufres una caída, por culpa de la hojarasca que descansa en el suelo de la calle, resbalando en una mañana de otoño cualquiera, que resulta en una fractura dolorosa y debilitante.

El esqueleto humano

Si hablamos de la osteoporosis (OP) no podemos dejar de lado no explicar cómo es un esqueleto humano. Está compuesto por entre 204 y 214 huesos. Es, verdaderamente, una maravilla de la naturaleza. Pesa alrededor de diez kilos y representa aproximadamente el 15 % de nuestro peso corporal. Sus funciones son vitales. Nos proporciona soporte y locomoción, protege nuestros órganos internos, almacena minerales y proteínas de la matriz ósea, y regula la energía a través de mecanismos endocrinos que involucran hormonas como la leptina y la osteocalcina.

Para que no te pierdas: la leptina es una hormona producida principalmente por las células adiposas (células grasas) del cuerpo. Esta hormona desempeña un papel crucial en la regulación del peso corporal y en el metabolismo energético. Su función primordial es enviar señales al cerebro para indicarle cuánta grasa almacenada hay en el cuerpo. Y para que no te sigas perdiendo, la osteocalcina es una proteína producida por los osteoblastos, las células responsables de la formación de hueso. Es una proteína no colágena que se encuentra en la matriz ósea y es esencial para la mineralización y la salud de los huesos. La osteocalcina, además, también tiene funciones hormonales que afectan otros tejidos del cuerpo. Sus niveles en sangre pueden ser utilizados como un marcador para evaluar la formación ósea y el metabolismo del hueso, especialmente en condiciones como la osteoporosis. ¿Aclarado? Seguimos.

Los huesos no son piezas estáticas, sino un tejido vivo que se remodela continuamente. Este proceso de remodelación es esencial para mantener una estructura ósea saludable y para reparar el desgaste y las lesiones. La matriz ósea, producida por los osteoblastos, está compuesta por capas de colágeno en las que se depositan cristales de calcio y fósforo. El colágeno proporciona elasticidad y flexibilidad, mientras que los minerales aportan fuerza y rigidez. Un equilibrio perfecto entre algo rígido y flexible al mismo tiempo es crucial para mantener los huesos en óptimas condiciones.

El proceso de remodelación ósea es fascinante y complejo, regulado por una variedad de factores genéticos, biomecánicos, locales de la matriz ósea, endocrinos, metabólicos, neurológicos y vasculares. Este continuo recambio y reparación del hueso se lleva a cabo por unidades de remodelado óseo, que consisten en grupos de osteoclastos (células que resorben hueso) y osteoblastos (células que forman hueso). Estas unidades se activan temporalmente cuando se necesita reparar el hueso, completando el ciclo de remodelado en un período de tres a seis meses.

La densidad mineral ósea (DMO), eso que le van a mirar a nuestra amiga Laura, aumenta progresivamente durante las primeras décadas de vida, alcanzando un pico máximo alrededor de los treinta años. Este pico de masa ósea es generalmente menor en las mujeres en comparación con los hombres (y por eso, entre otras cosas, el «envejecimiento» de los huesos en la mujer es más evidente). Asimismo, la disminución de los niveles de estrógenos después de la menopausia y una mayor esperanza de vida contribuyen a una prevalencia de osteoporosis más elevadas en mujeres.

Hasta los treinta y cinco o los cuarenta años existe un equilibrio entre la resorción (proceso por el cual se elimina tejido óseo) del hueso viejo y la formación de hueso nuevo, lo que mantiene estable la cantidad y calidad ósea. Sin embargo, a partir de los cuarenta o cincuenta años la resorción ósea comienza a predominar sobre la formación, y lleva a una disminución progresiva de la masa de los huesos. En las mujeres, esta pérdida es mucho más acelerada después de la menopausia. En términos generales, la pérdida de masa ósea a lo largo de la vida es de un 20-30 % en los hombres y de un 50 % en las mujeres. Ahora quizás es más fácil comprender por qué la osteoporosis afecta más a mujeres que a hombres.

Riesgo y consecuencias

El riesgo de desarrollar osteoporosis depende de cuánto hueso se haya acumulado durante la juventud (el pico máximo de masa ósea) y de la velocidad con la que se pierde a lo largo de la vida. Es importante resaltar, además, que la osteoporosis es una enfermedad multifactorial, resultado de una combinación de factores de riesgo que incluyen, como hemos dicho, la masa ósea y muscular, pero también la genética, antecedentes familiares de osteoporosis (¿os acordáis de que Laura recordó que su madre tenía fragilidad en los huesos?) y fracturas por fragilidad, características biológicas como la menopausia, el estilo de vida (sedentarismo, vida urbana), comportamientos individuales (tabaquismo, alcoholismo), enfermedades concurrentes y sus tratamientos (como enfermedades inflamatorias, diabetes y corticoterapia), y el envejecimiento.

La esperanza de vida ha aumentado considerablemente en las últimas décadas, con un notable aumento en la población mayor de cincuenta años. En el caso de las mujeres, la esperanza de vida ya supera los ochenta y seis años en España. Este aumento en la longevidad significa que más personas estarán en riesgo de desarrollar osteoporosis en el futuro.

La consecuencia más importante de la osteoporosis son las fracturas por fragilidad, que ocurren con traumatismos menores o incluso sin un trauma aparente. Las fracturas más comunes afectan a la columna dorsal y lumbar, el cuello del fémur, el radio distal, el húmero proximal, la pelvis y las muñecas. Claro, evitar una caída de bruces obliga a colocar las manos en el suelo, y puede ser fatal. Estas fracturas son el resultado de una combinación de tres factores básicos: un traumatismo o sobrecarga, la disminución de la masa ósea y la alteración de la calidad del hueso.

Para poner *llum a la foscor* (luz en la oscuridad), por usar la expresión del periodista Carles Porta, el informe titulado *Osteoporosis in Europe: A Compendium of Country-Specific Reports* es un documento exhaustivo que proporciona una visión detallada de la situación de la osteoporosis en diferentes países de Europa. Este informe está elaborado por la International Osteoporosis Foundation (IOF), una organización dedicada a la prevención, diagnóstico y tratamiento de la osteoporosis y otras enfermedades óseas metabólicas (véase capítulo 15 para más información). Los objetivos de este informe son claros y nos ayudan también a conocer mejor el contexto de la enfermedad en la actualidad. El informe:

- Evalúa la prevalencia de la osteoporosis con datos epidemiológicos. Proporciona datos específicos sobre la prevalencia de la osteoporosis y las fracturas óseas relacionadas en cada país europeo.
- Analiza el impacto económico. Se examina el costo económico asociado con la osteoporosis, incluyendo los costos directos e indirectos del tratamiento y el manejo de fracturas.
- Analiza el impacto clínico. Análisis del impacto de la osteoporosis en la calidad de vida de los pacientes y en los sistemas de salud nacionales.
- Describe las políticas de salud y prácticas clínicas. El informe detalla las políticas nacionales de salud, las directrices clínicas y los programas de prevención y tratamiento de la osteoporosis en cada país.

- Identifica las brechas y necesidades. Se identifican las áreas donde existen deficiencias en la atención de la osteoporosis y se sugieren mejoras para optimizar la prevención, el diagnóstico y el tratamiento de la enfermedad.
- Ofrece recomendaciones. Se sugieren mejoras para la atención de la osteoporosis, incluyendo recomendaciones para la implementación de programas de prevención y tratamiento más eficaces.

Este compendio, por lo tanto, conforma una herramienta valiosa para profesionales de la salud, responsables de políticas sanitarias, investigadores y organizaciones de pacientes. Proporciona una base de datos detallada y comparativa que puede ser utilizada para **desarrollar** políticas de salud más efectivas; **identificar** áreas prioritarias para la investigación y la inversión en salud; **mejorar** la concienciación pública sobre la osteoporosis y sus consecuencias, y **facilitar** la colaboración internacional en la lucha contra la osteoporosis.

Sí, sí, ya sé que todo esto es muy general, pero si quieres datos concretos (no te asustes, estamos aquí para concienciar, pero no para alarmar) te dejo estos. El informe estima que en Europa se producen más de cuatro millones de fracturas por fragilidad al año, con más de 200.000 muertes relacionadas y un coste sanitario que supera los 56.000 millones de euros. En España se registraron 285.000 fracturas por fragilidad en 2019, lo que equivale a 14,8 fracturas por cada mil personas. ¿Cómo lo ves?

Estas fracturas tienen graves consecuencias, no solo para el sistema de salud (en relación con visitas médicas e inversión), sino también para la calidad de vida de los pacientes. En 2019, el coste total de las fracturas por fragilidad en España fue de 4.300 millones de euros, incluyendo el coste directo de las fracturas incidentes, la discapacidad a largo plazo y la evaluación y tratamiento. Además, las fracturas afectan significativamente al bienestar físico y emocional de los pacientes, reducen su interacción social y aumentan los niveles de dependencia. ¿Cómo lo ves? La osteoporosis también está asociada con un aumento de la mortalidad a corto y largo plazo en ambos sexos. Se estima que uno de cada cinco pacientes muere durante el año posterior a una fractura de cadera. En 2019 hubo un total de 248.487 muertes relacionadas con la osteoporosis en España. Yo creo que ya empiezas a verlo...

A pesar de estas graves consecuencias, la osteoporosis sigue siendo una enfermedad subdiagnosticada, y no se detectan precozmente los pacientes con alto riesgo de sufrir fracturas por fragilidad en los años siguientes. Por lo tanto, es esencial seguir concienciando tanto a los profesionales de la salud como a la población en general sobre la importancia de la prevención, detección precoz y tratamiento de la OP. Este libro tiene, entre otras cosas, esa función, y lo irás descubriendo en las próximas páginas.

Diagnóstico y tratamiento básico

El diagnóstico de osteoporosis no es sencillo, ya que no existen alteraciones en los análisis básicos que permitan identificarla. Aunque el diagnóstico definitivo se obtiene mediante una biopsia del hueso, en la práctica clínica se utilizan diversas técnicas radiológicas para diagnosticar y evaluar la evolución de la enfermedad. Las radiografías simples de los huesos pueden mostrar signos de osteoporosis cuando la enfermedad ya está avanzada, pero no son útiles para un diagnóstico temprano; su principal utilidad es el diagnóstico de fracturas.

La densitometría ósea (sí, eso que ya te he apuntado antes y que le van a tener que hacer a nuestra protagonista en el siguiente capítulo) es la técnica más utilizada para diagnosticar la osteoporosis. La vamos a llamar DMO para abreviar. Imagina que la DMO es como una radiografía especial que nos dice cómo de fuerte o débil es el esqueleto de una persona. Es la herramienta más común para detectar la osteoporosis. Esta técnica compara la densidad de los huesos con un estándar establecido, lo que nos permite identificar si alguien tiene osteoporosis o una etapa previa, llamada osteopenia, prever el riesgo de fractura y empezar el tratamiento adecuado a tiempo.

Usualmente, se emplea una máquina llamada DXA o DEXA que utiliza rayos X para medir la densidad ósea. Piensa en estos rayos X como una linterna que brilla a través de los huesos, la máquina mide cuánta luz pasa a través de ellos para determinar su densidad. Los resultados se dan en dos tipos de números: el valor T y el valor Z.

Mientras que el llamado valor T compara la densidad ósea de la persona con la de un joven sano y se usa para estimar el riesgo de fractura y la necesidad de tratamiento; el denominado valor Z, por otro lado, la compara con la de otras personas de su misma edad y ayuda a decidir si se necesitan más pruebas médicas. En resumen, estos valores nos dicen si debemos preocuparnos por la densidad ósea del paciente y cómo debemos actuar.

En cuanto al tratamiento de la osteoporosis —lo anuncio un poco en estas líneas, pero se desarrollará en profundidad en posteriores apartados—, las medidas generales incluyen una dieta rica en calcio y baja en proteínas (véase capítulo 7), la abstención de tóxicos como el tabaco y el alcohol, y la realización de ejercicio físico habitual (véase capítulo 8). Además, a menudo se asocia la administración de vitamina D, especialmente si sus niveles son bajos, ya que facilita la absorción y utilización del calcio.

Existen varios medicamentos aprobados para el tratamiento de la osteoporosis, que incluyen fármacos que inhiben la resorción ósea, otros que estimulan la formación de hueso y medicamentos con acción dual. Entre ellos se encuentran los bisfosfonatos; el denosumab; los análogos de la hormona paratiroidea, los inhibidores de la esclerostina, como el romosozumab, los moduladores selectivos del receptor de estrógenos (SERMs), como el raloxifeno y el bazedoxifeno; la terapia hormonal sustitutiva y la calcitonina.

No, no son los nombres de los delanteros de un equipo de futbol de Moldavia o de Eslovaquia. Son los nombres de algunos fármacos. Si quieres leer más sobre el tema en el capítulo 6 podrás aclararlo un poco más.

En resumen, con el envejecimiento de la población y el aumento de la esperanza de vida es crucial que tanto los profesionales de la salud, como la población en general, estén bien informados sobre la osteoporosis. La educación y la concienciación son herramientas poderosas para prevenir la enfermedad, detectar a los pacientes en riesgo y proporcionarles el tratamiento adecuado. Solo así podremos reducir el impacto de esta epidemia silenciosa y mejorar la calidad de vida de millones de personas.

Os dejo, vuelve a abrirse la puerta de la habitación de Laura. El médico viene a llevarla para hacerle más pruebas.

2. Diagnóstico y pruebas de densidad mineral ósea (DMO)

Dra. Mariela Uyaguari

El día de las pruebas adicionales llegó más rápido de lo que Laura había anticipado. Sentada en la sala de espera de la clínica intentaba mantener la calma mientras hojeaba una vieja revista donde el director de cine Pedro Almodóvar concedía una entrevista tras su enésimo Goya, pero sus pensamientos no estaban para películas y volvían al mismo punto una y otra vez. ¿Qué significarían los resultados? ¿Qué dirían las pruebas? ¿Se iba a quedar todo en nada, como apuntaba su optimista marido, o su vida iba a dar un giro de 360 grados?

Finalmente, la enfermera la llamó por su nombre y apellido: Laura López. La llevaron a una sala donde le realizaron una densitometría ósea. El procedimiento fue rápido e indoloro, pero la sensación de incertidumbre persistió. Luego, se sometió a unos análisis de sangre para medir sus niveles de calcio y vitamina D. Y a un montón de preguntas y cuestionarios. A cada pregunta que respondía, Laura ya no sabía qué pensar. Y después... después, por fin, se fue a desayunar. Ese café con leche y ese bocadillo de jamón de Jabugo le supo a gloria, aunque la vocecita de su nutricionista de cabecera resonaba como un megáfono en su cabeza: no es bueno tanto café ni tanta grasa. Sí, de acuerdo, pero hoy tengo que darme un premio.

Después de unos días que le parecieron lustros recibió una llamada para regresar a la clínica y revisar los resultados.

¿En qué pacientes realizamos el diagnóstico de osteoporosis?

La osteoporosis se suele diagnosticar en personas mayores de sesenta y cinco años. Especialmente, en mujeres posmenopáusicas con factores de riesgo como una baja masa ósea medida en la densitometría (DMO), haber sufrido una fractura de bajo impacto anteriormente, tener familiares de primer grado con osteoporosis, bajo peso corporal, tabaquismo, padecer enfermedades digestivas, autoinmunes o recibir tratamiento que debiliten el hueso, entre otras causas que se describen a lo largo del desarrollo del libro y que se han apuntado ya en el primer capítulo. Es importante indicar que esta enfermedad **no es exclusiva de personas mayores** pues puede afectar a hombres y mujeres más jóvenes con factores de riesgo acompañantes. Laura, de hecho, tiene cincuenta y dos primaveras, se ha roto las muñecas en otoño y estamos pendientes de evaluarla del todo.

¿Cómo evaluamos la osteoporosis?

Sí, tengo que repetirlo: la osteoporosis es una entidad silenciosa, fatalmente callada, que no produce dolor hasta que ocurre una fractura. Ya ha expresado el doctor Lorenzo en el capítulo anterior lo fastidioso que es ese silencio.

Igual que en otras enfermedades, el diagnóstico comienza con una entrevista detallada con el paciente, seguida de un examen físico minucioso que permita observar signos de fractura, como dolor óseo o mayor sensibilidad especialmente en la columna vertebral; pérdida de altura; curvatura anormal de la columna vertebral; dificultad para moverse y pérdida muscular. Como parte de la evaluación se utiliza también una herramienta de acceso *online* llamada FRAX (no, no es el nombre de un actor americano ni un tipo de traje para que el hombre lo luzca en celebraciones, las siglas responden a Fracture Risk Assessment Tool), que está diseñada para evaluar el riesgo de fractura ósea en adultos mayores. Funciona integrando varios factores de riesgo conocidos para fracturas y proporciona una estimación del riesgo absoluto de fractura en un período de tiempo determinado (generalmente cinco o diez años). Esta herramienta combina la información obtenida de la entrevista con el paciente y puede calcularse con o sin la medición de la DMO del cuello femoral, facilitando la identificación de los candidatos para recibir tratamiento.

El funcionamiento básico de FRAX implica ingresar datos específicos del paciente, como la edad, el sexo, el historial de fracturas previas, el índice de masa corporal (IMC), el uso de glucocorticoides y la presencia de osteoporosis. Estos datos, algunos de los cuales se obtienen en esa entrevista detallada inicial, se utilizan para calcular el riesgo de fractura ósea utilizando algoritmos basados en estudios epidemiológicos y modelos de riesgo. Algunos de los factores que pueden influir en el cálculo del riesgo de fractura incluyen:

1. Edad. El riesgo de fractura aumenta con la edad.
2. Sexo. Las mujeres tienen un riesgo de fractura más alto en comparación con los hombres.
3. Historial de fracturas previas. Una fractura previa es un fuerte predictor de futuras fracturas.
4. IMC. Un bajo peso aumenta el riesgo de fractura.
5. Uso de glucocorticoides. Los glucocorticoides aumentan el riesgo de fractura.
6. Una baja densidad mineral ósea. Este factor aumenta significativamente el riesgo.

Una vez que se ingresan todos estos datos, la FRAX calcula automáticamente el riesgo absoluto de fractura en un período de tiempo específico. Esta información es útil para los profesionales de la salud en la evaluación del riesgo individual de fractura ósea y para determinar la necesidad de intervenciones preventivas, como el tratamiento farmacológico para la osteoporosis o recomendaciones de cambios en el estilo de vida.

En resumen, FRAX es una herramienta *online* que utiliza datos clínicos específicos para estimar el riesgo individualizado de fractura ósea en adultos mayores, ayudando así en la toma de decisiones médicas.

Pruebas de laboratorio

Los parámetros analíticos son de utilidad en la búsqueda de las causas de osteoporosis, puesto que dan información sobre el metabolismo mineral óseo y nos ayudan a descartar enfermedades parecidas a la osteoporosis.

En las pruebas de laboratorio solicitamos analítica de sangre con recuento de células sanguíneas, valoración de la función renal, tiroidea, paratiroides y perfil hepático y cuantificación de las concentraciones de calcio, vitamina D, fósforo, fosfatasa alcalina, proteinograma y calcio en orina. En determinados pacientes se amplía el estudio para descartar otras causas como celiaquía, mastocitosis o hiperproducción de cortisol.

En los últimos años, en la práctica clínica se ha expandido el uso de los marcadores de recambio ósea (MRO), como s-CTC (telopéptido C-terminal del colágeno tipo I serio) y P1NP (propéptido N-terminal del procolágeno tipo I), para valorar respuesta al tratamiento. Supongo que no has entendido nada, a veces parece que hablo en un idioma interestelar, así que hagámoslo más entendible:

- **Marcadores de recambio óseo (MRO).** Piensa en ellos como indicadores en un tablero de control que nos dicen cómo va la construcción y la reparación de los huesos en nuestro cuerpo.

- **s-CTC (telopéptido C-terminal del colágeno tipo I en suero)**. Es un indicador que nos señala cuánta demolición de hueso viejo está ocurriendo. Imagina que es el polvo que queda cuando se derrumba una casa vieja para hacer espacio para una nueva.
- **P1NP (propéptido N-terminal del procolágeno tipo I)**. Este marcador nos informa sobre la construcción de hueso nuevo.

Cuando los médicos usan estos marcadores es como si estuvieran mirando un reporte de progreso sobre cómo va la obra de renovación en nuestro esqueleto. Pueden ver si se está demoliendo mucho hueso viejo y si se está construyendo suficiente hueso nuevo, lo que les ayuda a entender si el tratamiento para la osteoporosis está funcionando bien o si necesitan hacer ajustes.

En resumen, estos análisis de laboratorio son herramientas importantes que ayudan a los médicos a seguir el «trabajo de mantenimiento» que nuestro cuerpo está haciendo en los huesos, para diagnosticar la osteoporosis o para asegurarse de que el tratamiento está dando buenos resultado. Para diagnosticarla ya has leído varias veces que la prueba fundamental es la densitometría ósea, pues venga, vamos a ello.

Densitometría ósea y su complementariedad con otras pruebas de imagen

A principios de la década de los noventa comenzó a usarse la absorciometría de rayos X de energía dual (DEXA), que es el método actual más utilizado para medir la DMO. Ya estamos con otra palabreja: ab-sor-cio-me-trí-a.

La absorciometría es una técnica médica (en realidad una prueba sencilla y no invasiva) utilizada para saber cómo de fuertes y densos son nuestros huesos. Para explicarlo de manera sencilla podemos compararlo con tomar una radiografía especial:

1. Cómo funciona. La absorciometría utiliza rayos X de baja dosis para escanear ciertos huesos del cuerpo, como la columna vertebral, la cadera o, a veces, el antebrazo. A diferencia de una radiografía normal, que solo muestra una imagen del hueso, la absorciometría mide la cantidad de rayos X que pasa a través del hueso. Esto ayuda a determinar la densidad mineral ósea.
2. Qué mide. La densidad ósea. Piensa en tus huesos como una esponja. Si la esponja es densa y apretada, es más fuerte. Si es más ligera y menos densa, será más débil. La absorciometría nos dice cuán «apretada» está esa esponja, es decir, cuán densos y fuertes son tus huesos.
3. Por qué es importante. La densidad ósea es crucial para la salud de los huesos. Si los huesos son menos

densos, son más propensos a fracturarse. La absorciometría ayuda a los médicos a identificar la osteoporosis en sus primeras etapas para que puedan tomar medidas para fortalecer los huesos y reducir el riesgo de fractura.

4. El proceso. Es rápido y no doloroso. Te acuestas en una mesa y un escáner pasa por encima de tu cuerpo, tomando imágenes y midiendo la densidad de tus huesos. Todo el procedimiento suele durar menos de treinta minutos.

Esta medición se puede realizar en varios huesos, pero generalmente se hace en la cabeza femoral y columna lumbar. En función de esta medición, la Organización Mundial de la Salud (OMS) establece que una persona tiene osteoporosis si su densidad mineral ósea es igual o inferior a menos 2,5 desviaciones estándar (DE) respecto al valor promedio de las mujeres jóvenes sanas y de la misma etnia. Esta herramienta, como hemos indicado, se utiliza para el diagnóstico, pero también para el seguimiento de los pacientes tratados.

Pero (siempre hay un *pero*) tiene varias **limitaciones de cara a diagnosticar sin duda la osteoporosis.** Por ejemplo, la densitometría mide la cantidad de hueso, pero no la calidad. **Se tiene que completar**, por lo tanto, con **radiografías adicionales**, porque no **detecta todas las fracturas.** Se tiene que analizar con **otros factores de riesgo** como la edad, el historial de fracturas, hábitos tóxicos, enfermedades y fármacos que debilitan el hueso, ya que pacientes sin osteoporosis densiométrica presentan fracturas por fragilidad. Además, los resultados de la densitometría ósea pueden variar en función del tipo de aparato y del personal técnico que la mida. Otra limitación es que la densitometría puede estar afectada por alteraciones estructurales como deformidades de la columna, artrosis de la columna y cadera, displasias de cadera e incluso por las propias fracturas vertebrales.

Por tanto, para realizar un diagnóstico más preciso de la osteoporosis, los médicos deben interpretan los resultados de la densitometría ósea junto con otros factores de riesgo de fractura y, por este motivo, se han creado diversas herramientas de las cuales la más utilizada es la FRAX que ya hemos explicado en anteriores apartados.

Como ya hemos dicho, con la densidad mineral ósea (DMO) tenemos una medición de la cantidad de hueso existente, pero no nos proporciona información acerca de su calidad. En la actualidad, se ha desarrollado una técnica denominada TBS o puntuación del hueso trabecular (parte interna de los huesos) que consiste en un *software* aplicado al aparato del densitómetro que nos proporciona información sobre la estructura interna del hueso trabecular al estimar la microarquitectura de los cuerpos vertebrales. Esto nos permite medir su calidad y, por lo tanto, objetivar mejor la resistencia ósea. Esto es importante dado que un hueso puede tener una buena densidad, pero una mala calidad y seguir siendo propenso a romperse. Otra prueba más que usamos es la radiografía de columna para identificar fracturas vertebrales, dado que 2/3 partes de ellas son silentes.

Teniendo en cuenta todos estos criterios, y adaptándolo a cada paciente el médico, entonces sí determinará si el paciente precisa tratamiento frente a la osteoporosis.

En resumen, la densitometría ósea no puede proporcionar una precisión absoluta, por lo que la interpretación de los resultados se realiza de forma individualizada. La evaluación de la osteoporosis no se basa en una sola prueba, sino en el análisis integral de todos los factores que condicionan la enfermedad. Y ahora ese análisis integral que se le ha hecho a Laura toca a su fin. Es hora de conocer el diagnóstico.

El médico la recibió con una sonrisa tranquilizadora, pero Laura podía ver la seriedad en sus ojos. «Laura, ya tenemos los resultados de todas tus pruebas. Por favor, toma asiento», le dijo señalando una silla frente a su mesa.

Laura se sentó, intentando leer el rostro del médico. Carlos fue quien rompió el silencio, «¿Qué han encontrado, doctor?».

«Tus resultados muestran una densidad mineral ósea baja, lo que confirma nuestras sospechas de osteoporosis. Los análisis de sangre también indican que tus niveles de vitamina D están por debajo de lo ideal».

Laura asintió lentamente, procesando la información. ¿Osteoporosis? ¿Ella? Había oído hablar de la enfermedad, claro, pero siempre la había asociado con mujeres mucho mayores. Se quedó sin palabras, con la mente a la deriva entre la incredulidad y la desazón. Había una mezcla de emociones: alivio por finalmente tener una explicación para sus fracturas, pero también un miedo profundo sobre lo que esto significaba para su futuro. «Entonces, realmente tengo osteoporosis», dijo, más como una afirmación que una pregunta como si diciéndolo en voz alta pudiera comprenderlo del todo.

El médico la miró con empatía. «Sí, Laura, pero no estás sola en esto. La osteoporosis es una condición manejable. Con el tratamiento adecuado y algunos cambios en tu estilo de vida podemos mejorar la salud de tus huesos y reducir el riesgo de futuras fracturas. Primero vamos a trabajar en aumentar tus niveles de calcio y vitamina D. Te recomendaré suplementos y una dieta rica en estos nutrientes. Además, es crucial que empieces una rutina de ejercicios que fortalezcan tus huesos y músculos. También consideraremos algunos medicamentos específicos que pueden ayudar a detener la pérdida ósea y, en algunos casos, incluso aumentarla».

Laura asintió casi por inercia sintiendo que el miedo inicial empezaba a transformarse en una determinación silenciosa. Sabía que no sería fácil, pero estaba dispuesta a hacer lo necesario para recuperar su salud. El diagnóstico era solo el primer paso en un camino que, aunque desafiante, estaba lleno de posibilidades. El médico le sonrió. «Con la información y las herramientas adecuadas, puedes manejar la osteoporosis y seguir viviendo una vida plena y activa». Las palabras del médico eran un recordatorio de que, aunque sus huesos fueran frágiles, su espíritu seguía siendo fuerte y resiliente.

Laura salió acompañada de Carlos, que le cogía la mano con fuerza. Lo necesitaba porque el camino se antojaba largo y con altibajos.

3. Osteoporosis en mujeres y en hombres

Dra. Dolors Martínez

Esa noche, acostada en la oscuridad de su habitación, no podía conciliar el sueño. Laura sentía el peso de los recuerdos apoderándose de su mente. La confirmación de su propia fragilidad ósea le había hecho recordar claramente algo que estaba borrado de su mente: aquella caída en la cocina de su madre, el estruendo del cuerpo golpeando el suelo. O cuando perdió el equilibrio en el parque y tuvieron que operarla del fémur. Nadie le dijo que eso fuera osteoporosis, pero ahora tenía la evidencia de que así era.

Laura no podía sacudirse la sensación de *déjà vu* que la atormentaba. Todo era una incertidumbre, le era imposible dormirse por mucho que contara ovejitas. Giró en la cama, buscando una posición cómoda, pero el descanso seguía eludiéndola. Ahora tenía incluso miedo a tomar algunas posturas. Se sentía endeble, como si se fuera a romper en cualquier momento, cuando era evidente que no era tan fácil. La hipocondría y el temor al futuro se había puesto a dormir a su lado. La habitación, antes un refugio de tranquilidad, ahora se había transformado en una prisión de pensamientos oscuros y algo de ansiedad.

Intentó recordar las palabras de su médico, las recomendaciones y los tratamientos que le había sugerido. Pero en medio de la angustia, esas soluciones se sentían lejanas e inalcanzables. Las promesas de ejercicio, una dieta equilibrada y medicamentos parecían pequeñas balsas en un mar embravecido de dudas. ¿Sería suficiente? ¿Realmente funcionaría?

El reloj seguía su marcha implacable, y Laura se levantó de la cama y caminó descalza hasta la ventana. Miró hacia el cielo nocturno, buscando consuelo en las estrellas que parpadeaban en la distancia. ¿Qué le esperaba ahora?

Aceptar el diagnóstico era solo el primer paso y era evidente que aún no lo había asimilado. Miró a Carlos dormir y, por un momento, se preguntó dos cosas: por qué su marido no paraba de roncar y por qué la osteoporosis afectaba más a mujeres que hombres.

Epidemiología en hombres

La osteoporosis afecta a más de trescientos millones de personas en todo el mundo y, en concreto en nuestro país, a casi tres millones. La osteoporosis es una enfermedad que afecta tanto a hombres como a mujeres, aunque con algunas diferencias significativas en su epidemiología. En los hombres, la osteoporosis es a menudo subdiagnosticada y subtratada, en parte porque tradicionalmente se ha visto como una enfermedad predominantemente femenina. Sin embargo, la osteoporosis en hombres presenta un desafío de salud pública significativo, especialmente a medida que la población envejece.

Tiene que quedar claro, la osteoporosis no es solo una enfermedad de mujeres (aunque se dé más en ellas). Según el último informe europeo de la Fundación Internacional de la Osteoporosis, se estima que el 22,6 % de las mujeres y el 6,8 % de los hombres de 50 años o más tienen osteoporosis. Además, se calcula que una de cada tres mujeres y uno de cada cinco hombres mayores de 50 años sufrirá una fractura relacionada con la osteoporosis a lo largo de su vida. Son pocos los hombres que tienen conciencia de la enfermedad; asimismo la mayoría de los varones que han sufrido una fractura no reciben tratamiento.

En el último siglo ha aumentado la longevidad de los hombres. Este hecho ha provocado que la osteoporosis suba y por consiguiente el número de fracturas por fragilidad. Estas provocan dolor, inmovilidad y pérdida de la independencia, lo que conlleva a una mala calidad de vida. Y es un riesgo real. El riesgo de fractura a lo largo de la vida es mayor que el de desarrollar cáncer de próstata. Ahí lo dejo.

Son numerosos los factores que influyen en el crecimiento de nuestros huesos y en el mantenimiento de su masa ósea durante la vida. Tanto en hombres como en mujeres, en las dos primeras décadas de la vida existe un aumento continuo de masa ósea, ya que predomina la formación sobre la resorción. Hasta los diez o doce años no hay diferencias significativas entre la masa ósea de niños y niñas. Sin embargo, a comienzos de la pubertad, aparecen las diferencias: la masa ósea aumenta más en los varones, su pico de masa ósea aparece más tarde y alcanza valores superiores.

En comparación con la mujer, el varón presenta un patrón de desarrollo de masa ósea diferente, lo que conduce a un mayor grosor de la cortical, una mayor sección ósea y una mejor conectividad trabecular.

La pérdida de la masa ósea se inicia tanto en hombres como en mujeres alrededor de los treinta años. En el hombre no existe un período de pérdida acelerada semejante al femenino en la menopausia. El envejecimiento es un factor de riesgo importante para la osteoporosis en hombres, evidentemente, pero también hay que tener en cuenta que la disminución gradual de los niveles de testosterona con la edad contribuye a la pérdida de masa ósea. Es crucial, por lo tanto, ser conscientes de que es una enfermedad que, aunque más probable en mujeres, no por ello no podemos olvidar la importancia de mejorar la evaluación y el diagnóstico de osteoporosis en hombres, especialmente en aquellos con factores de riesgo. La densitometría ósea es una herramienta útil para medir la densidad mineral ósea y evaluar el riesgo de fractura tanto en hombres como mujeres.

En conclusión, la osteoporosis en hombres es un problema de salud significativo que requiere una mayor atención y acción. La mejora en la detección, el diagnóstico y el tratamiento puede ayudar a reducir las tasas de fracturas y mejorar la calidad de vida en hombres mayores. Es esencial aumentar la conciencia sobre los riesgos de osteoporosis y fomentar hábitos de vida saludables para prevenir esta enfermedad.

La osteoporosis del varón es una condición con una alta prevalencia de osteoporosis secundaria (40-60 % en menores de setenta años), las causas más frecuentes son la ingesta crónica de alcohol, el hipogonadismo y el tratamiento con glucocorticoides. La terapia de deprivación androgénica utilizada para el cáncer de próstata (leuprolida, goserelina, triptorelina e histrelina), también produce una rápida disminución de la DMO y un aumento del riesgo de fractura por inhibición de la producción de testosterona y estradiol. Con respecto al tratamiento hormonal, no hay datos de eficacia en reducción de fracturas del tratamiento con testosterona, por lo que según los expertos solo está indicada en varones con hipogonadismo sintomático, aconsejándose además asociar otro tratamiento antiosteoporótico. Los ensayos terapéuticos incluyen menos pacientes y son de menor duración, por lo que los datos sobre la reducción del riesgo de fractura son escasos y menos consistentes.

Respecto a los fármacos que han demostrado mejoría de la DMO y disminución del riesgo de fractura vertebral, tanto en varones eugonadales (los testículos producen cantidades adecuadas de testosterona) como en hipogonadales (el cuerpo no produce suficiente testosterona) están los bisfosfonatos orales (ácido alendrónico y ácido risedrónico), el ácido zoledrónico y la teriparatida. El denosumab también está aprobado en varones con elevado riesgo de fractura y para disminuir la pérdida de DMO en el paciente con carcinoma de próstata en tratamiento deprivación androgénica.

Podrás saber más de estos fármacos en el capítulo 6. Pero ahora seguimos con esto...

Epidemiología en mujeres

Aproximadamente una de cada tres mujeres mayores de cincuenta años sufrirá una fractura osteoporótica en su vida. La prevalencia de osteoporosis en mujeres aumenta con la edad, afectando a casi la mitad de las mujeres mayores de setenta años. Las mujeres tienen un mayor riesgo de fractura osteoporótica, en concreto en la cadera, la columna vertebral y la muñeca. Las fracturas de cadera son especialmente preocupantes debido a la alta morbilidad y mortalidad asociadas.

La menopausia (si te sorprende esto a estas alturas del libro es que no estás atento/a) es un factor crítico en la pérdida de masa ósea y, evidentemente, el envejecimiento. La disminución de los niveles de estrógeno, una hormona protectora de los huesos, acelera la pérdida de densidad ósea. Las mujeres pueden perder hasta un 20 % de la densidad de huesos en los primeros cinco o siete años después de la menopausia. Las mujeres con un índice de masa corporal (IMC) bajo tienen menos masa ósea y, por tanto, un mayor riesgo de osteoporosis.

Como he subrayado, la principal causa de osteoporosis en las mujeres de nuestro medio es la menopausia y el envejecimiento. Sin embargo, también existen otras causas que no deben descartarse, como las asociadas a fármacos o enfermedades. Por ejemplo, en las mujeres, las que reciben tratamiento para el cáncer de mama con inhibidores de la aromatasa (letrozol, anastrazol, exemestano) o los análogos de GnRH, así como el tamoxifeno, se produce una rápida pérdida de masa ósea (un 2-6 % anual) y esto es debido al efecto inhibidor que producen sobre los estrógenos circulantes.

Elementos comunes

Ante la mínima sospecha de osteoporosis, tanto en mujeres como hombres, debemos realizar una anamnesis (información aportada para elaborar el historial clínico) que incluya los factores de riesgo para presentar una fractura. Serían comunes a los dos sexos: hábitos tóxicos (alcohol, tabaco), la existencia de fracturas previas, el antecedente de fractura en familiares de primer grado, antecedentes de caídas, inmovilización prolongada, cantidad de ingesta de calcio diario, la toma de fármacos, padecer enfermedades crónicas (artritis reumatoide, hiperparatiroidismo, enfermedad de Cushing, enfermedad pulmonar obstructiva crónica, mastocitosis, diabetes tipo I, colangitis biliar primaria y mala absorción).

El examen físico debe incluir estatura del paciente, para valorar su pérdida en comparación con su máxima, el índice de masa corporal y valorar la presencia de cifosis y también los signos que puedan sugerirnos causas secundarias. Las pruebas básicas de laboratorio son un hemograma completo, una bioquímica con calcio, fosfato, fosfatasa alcalina, proteinograma, albúmina, electrolitos, creatinina, pruebas de función hepática, calcifediol y calciuria en orina de veinticuatro horas. Casi nada.

La realización de densitometría estaría recomendada en los siguientes casos: pacientes con fractura por fragilidad, pacientes que presenten dos o más factores de riesgo elevado de fractura, pacientes con tratamiento con fármacos inhibidores de aromatasa, antiandrógenos y glucocorticoides y en pacientes con enfermedades asociadas a osteoporosis secundaria. En cuanto a la DXA, cabe decir que se utilizan los mismos valores de referencia en varones que en mujeres. No hay diferencia en su medición.

Entre los fármacos que pueden producir osteoporosis secundaria, tanto en la mujer como en el varón, estarían los glucocorticoides, antiepilépticos, antidepresivos ISRS, antipsicóticos, inhibidores de la bomba de protones (omeprazol, del que se abusa en demasía), heparina y quimioterapia.

Respecto a las medidas de prevención no farmacológicas para la osteoporosis, se considera que deben ser las mismas tanto en mujeres como en hombres.

Y para acabar... Sí, en cada capítulo se recuerda, pero así estamos seguros de que no se os olvida: se deben reducir los factores de riesgo, prevenir las caídas y recomendar una nutrición óptima. Se recomienda el abandono del tabaco y del exceso de alcohol, practicar ejercicio de forma regular (preferiblemente de fuerza), la ingesta de calcio, de vitamina D y proteínas en la dieta, y exponerse adecuadamente a la luz solar.

Fracturas

Las fracturas por fragilidad son la expresión clínica de la osteoporosis y su localización habitual son las vértebras, radio distal y el fémur proximal. También pueden aparecer en otras localizaciones como húmero, costillas y fémur.

La fractura por fragilidad más severa es la fractura de cadera, y un tercio de todas las fracturas de cadera en el mundo se producen en el hombre a partir de los setenta años. Asimismo, la mortalidad tras una fractura de cadera (más del 37 % en el primer año) en hombres es mayor que la que se da en mujeres.

De todas formas, en el siguiente capítulo podrás ver en profundidad este aspecto de las fracturas y la importancia de la salud de los huesos para evitarlas. Vamos a ello, no hagáis ruido que Laura por fin ha conciliado el sueño a pesar de los ronquidos de Carlos. *Ssshhhh*.

4.
La importancia de la salud de los huesos

Dra. Sonia Castro

En su siguiente visita, la doctora asignada se tomó su tiempo para explicar a Laura todo sobre la osteoporosis, destacando especialmente la gran importancia de cuidar la salud de los huesos. Su marido, Carlos, había hablado con ella antes, y le advirtió que Laura aún estaba un tanto afectada emocionalmente y que le costaba conciliar el sueño (lo que no le confesó es que él roncaba y eso no ayudaba).

Así que, la doctora, con mucha empatía, le mostró imágenes de huesos frágiles y le explicó cómo la disminución de los estrógenos durante la menopausia había acelerado la pérdida de masa ósea. Las radiografías revelaban estructuras óseas debilitadas, casi transparentes, que contrastaban fuertemente con la imagen de un hueso sano y denso.

Laura escuchaba con atención, absorbiendo la información como una esponja. «Entender tu enfermedad es el primer paso para manejarla», le dijo la doctora, mientras le entregaba folletos informativos y le recomendaba páginas web confiables para obtener más información. Cada palabra y cada imagen parecían cobrar vida en la mente de Laura, pintando un cuadro claro de la fragilidad que ahora caracterizaba su esqueleto.

Hasta ese momento, Laura siempre había pensado que los huesos se cuidan solos y nunca se había detenido a pensar que en una edad tan temprana debía cuidar su esqueleto de una forma tan consciente. La realidad de su condición la golpeó con fuerza. Tenía toda la información para tomar medidas proactivas y cuidar de sus huesos con una nueva conciencia y dedicación, pero aún no estaba del todo convencida.

¿Qué es la salud ósea?

La salud ósea es, evidentemente y como su nombre indica, el estado de salud de los huesos de una persona. Esto incluye la estructura, la densidad, la resistencia y la flexibilidad ósea. Los huesos son la estructura de soporte de nuestro cuerpo y protegen nuestros órganos vitales. Además de ser uno de los órganos principales para la locomoción, los huesos tienen otras funciones no tan conocidas: almacenan sales minerales y producen células sanguíneas y varias hormonas. Es como si los huesos fueran un banco de recursos, una fábrica de sangre y una estación de control hormonal, todo en uno. Por todas estas cuestiones su salud es fundamental para mantener un estilo de vida activo y una buena salud en general. Ni más ni menos. Ni menos ni más. La doctora Joan Lappe, profesora y directora asociada de la División de Investigación de Enfermería en la Universidad de Creighton, Omaha, Nebraska, y reconocida como una de las investigadoras que más han contribuido a la comprensión de cómo los nutrientes afectan a la densidad y a la fortaleza ósea, afirma sin titubear que la salud ósea es fundamental para nuestra calidad de vida y que muchas veces ni pensamos en ella.

Existen numerosas enfermedades que pueden afectar a los huesos, entre las más frecuentes se encuentra, claro, la osteoporosis.

Para entender la osteoporosis desde el punto de vista de la prevención en salud de los huesos es importante saber que los huesos cambian continuamente. El cuerpo genera tejido óseo nuevo y el tejido óseo existente se desgasta. Cuando uno es joven, el cuerpo produce tejido óseo nuevo más rápido de lo que se desgasta el existente, y la densidad ósea aumenta. La mayoría de las personas alcanzan su densidad ósea máxima alrededor de los treinta años. Después de eso, la remodelación ósea continúa, pero se pierde ligeramente más densidad ósea de la que se gana. La probabilidad de padecer osteoporosis depende de la cantidad de densidad ósea que alcances para cuando cumplas treinta años y de la rapidez con que la pierdas. Cuanto mayor sea la densidad ósea máxima que adquieras, más tejido óseo tendrás de reserva y menor será la probabilidad de padecer osteoporosis cuando envejezcas. Por lo que es importante desarrollar huesos fuertes y sanos durante la niñez y la adolescencia, aunque también en la edad adulta puedes tomar medidas para proteger la salud de los huesos.

Existen diferentes factores que influyen en nuestro estado óseo, además de la edad. Entre los más importantes se encuentra la dieta, el ejercicio, el sexo, los hábitos tóxicos, la exposición medioambiental (mercurio, plomo), enfermedades crónicas y fármacos (glucocorticoides, terapias hormonales para cáncer mama o próstata); muchos se han comentado ya o se comentarán ampliamente en otros capítulos. La mayoría de estos factores no son modificables, pero incidir en cambiar aquellos que sí lo son puede ayudar a mejorar nuestra salud ósea.

Evolución ósea

Al principio, los huesos frágiles no causan dolor, aunque en ocasiones se puede observar una pérdida de altura o deformidad en la columna dorsal. Aunque en la mayoría de las ocasiones nos damos cuenta de que nuestros huesos están débiles cuando se fractura con traumatismos de bajo impacto. Por esto es importante realizar estudios dirigidos para valorar la densidad ósea con el fin de detectar aquellos pacientes con baja densidad ósea que se puedan beneficiar de una intervención terapéutica (estilo de vida y fármacos) que pueda reducir su riesgo de fractura.

Al envejecer, ocurre cierta pérdida de hueso natural, tanto en los hombres como en las mujeres, por lo que la aparición de estas fracturas por fragilidad se produce en personas de más de cincuenta años. La osteoporosis es un trastorno óseo difuso, por lo que deberíamos estar atentos a la presencia de fractura ósea de cualquier localización que se produzca como resultado de un traumatismo o esfuerzo leve, aunque las fracturas más frecuentes y de mayor relevancia son en la muñeca, la columna vertebral y la cadera. En todo el mundo, una de cada tres mujeres y uno de cada cinco hombres mayores de cincuenta años sufrirán una fractura ósea debido a la osteoporosis. Con todo esto queremos decir que las frases del estilo «me he roto un hueso, pero no tiene importancia» adquieren nueva dimensión cuando tenemos una edad o cuando esas fracturas empiezan a ser recurrentes o frecuentes.

Fracturas frecuentes

Las fracturas en la columna vertebral son las más frecuentes, pero en ocasiones pueden ser difíciles de sospechar, ya que se pueden presentar como un dolor crónico en columna sin claro antecedente traumático. Tanto es así que un tercio no presentan una sintomatología clara, que sería un dolor intenso en una región bien localizada de la espalda en relación con una caída, traumatismo o sobreesfuerzo. Generalmente estas fracturas tardan en curar meses, y dan lugar en ocasiones a dolor y deformidad crónica que llevan a un empeoramiento de calidad de vida y a alteraciones en la movilidad. El diagnóstico temprano, por lo tanto, es importante, diría que básico. Una fractura de un hueso aumenta el riesgo de sufrir más fracturas, lo que da lugar mayor discapacidad a largo plazo y una pérdida de independencia. La pérdida de independencia puede asociarse a depresiones o una baja autoestima. Una de cada cuatro mujeres que sufre una nueva fractura de columna vertebral volverá a sufrir otra fractura en el plazo de un año. Se dice pronto.

Al envejecer, otro tipo de fractura se vuelve un problema grave. Hablamos ahora de las fracturas de cadera. El 33 % de los pacientes con fractura de cadera son completamente dependientes o deben ser ingresados en centros geriátricos, y hasta el 20-24 % de los pacientes mueren en ese primer año tras la fractura. También se dice pronto.

Es evidente, pues, que las fracturas relacionadas con la osteoporosis son una de las principales causas de dolor, discapacidad y pérdida de autonomía entre las personas mayores. Esta pérdida funcional, tanto en actividades cotidianas como de ocio, conllevan en múltiples ocasiones a aislamiento social y depresión. Estas lesiones, que suponen un profundo cambio en la vida, creemos que se pueden prevenir mediante el cuidado permanente de la salud ósea (el estar concienciado del valor de nuestro esqueleto), el diagnóstico precoz y el tratamiento apropiado para quienes se encuentran en situación de riesgo.

Algunos datos a modo de resumen, que leídos seguidos nos dan una idea de que no estamos ante algo baladí. Lee y reflexiona sobre tu propia situación. Es importante ser consciente.

- En mujeres mayores de cuarenta y cinco años, las fracturas por osteoporosis resultan en más días de hospitalización que muchas otras enfermedades, incluyendo diabetes, ataque cardíaco y cáncer de mama.
- Hasta el 20-24 % de los pacientes mueren en el primer año después de una fractura de cadera.
- Los sobrevivientes de una fractura de cadera experimentan pérdida de independencia, con un 40 % incapaz de caminar de forma independiente y un 60 % necesitando asistencia un año después, y el 80 % tiene restringidas otras actividades, como conducir e ir de compras.
- El 33 % de los pacientes con fractura de cadera son totalmente dependientes o están en una residencia de ancianos en el año posterior a una fractura de cadera.
- Una fractura no solo afecta físicamente, sino también de manera emocional. Reduce la calidad de vida general y a menudo causa depresión y aislamiento a medida que las personas reducen la interacción social o ya no pueden hacer las actividades que solían hacer.
- La pérdida a largo plazo de independencia y movilidad puede generar tensión física, emocional y financiera en los propios pacientes, así como en sus familiares y amigos.

Reflexiona. En el siguiente capítulo vamos a ver en profundidad los factores de riesgo y el estilo de vida. ¿Te vienes? Antes, bébete un vaso de leche o tómate un yogur. Anda, hazme caso.

5. Factores de riesgo y estilo de vida

Dra. Meritxell Castellanos

A medida que los días pasaban, Laura se sumió en un período de tristeza y ansiedad que intentaba ocultar a su familia y que padecía en silencio. Cada movimiento le recordaba la fragilidad de sus huesos. Sentía un miedo constante de caerse, y eso afectaba a su confianza en actividades diarias. Lo que antes eran simples tareas ahora se vivían como obstáculos insuperables, como muros, como trincheras rodeadas de francotiradores. Cada mueble le parecía una barrera, cada bordillo una montaña y las escaleras le producían un miedo atroz. Al llegar a casa siempre sufría por si el ascensor se había estropeado. Se sentía una mujer en silla de ruedas sin tener silla de ruedas. Era evidente que necesitaba cambiar su estilo de vida en muchos aspectos, puesto que cualquier cosa estaba afectando a su confianza en las actividades diarias que le recuerden el riesgo.

Además de eso, con ambas muñecas enyesadas, Laura se encontró dependiendo por completo de su familia para tareas diarias como vestirse, cocinar y limpiar. La pérdida de independencia era frustrante. Sentía una mezcla de gratitud, pero también de resentimiento y rabia por necesitar tanta ayuda. Carlos ya se había comido gratuitamente alguna mala palabra.

Carlos habló con sus hijos adolescentes y reorganizaron sus rutinas para cuidarla; programaron reformas de los espacios de la casa para facilitar sus movimientos. Aunque esto fortaleció los lazos familiares, también creó tensiones. Cada pequeño conflicto parecía amplificarse bajo el peso de la nueva carga. Laura se esforzaba por no sentirse culpable, pero a veces era difícil. Muy difícil. Había pasado de cien a cero en muy pocos días.

Ya lo sabes, qué te voy a contar a estas alturas que no sepas ya. Estamos hablando de una enfermedad que debilita los huesos haciéndolos más propensos a fracturas. Hablaremos ahora sobre los factores de riesgo que influyen en su desarrollo y cómo el estilo de vida desempeña un papel crucial en su prevención y manejo. Entender estos aspectos es vital para que tanto médicos como pacientes puedan tomar decisiones informadas. Vamos a explorar tanto los factores de riesgo no modificables, como aquellos que podemos cambiar, con ejemplos prácticos y algunas definiciones que ayudarán a clarificar los conceptos. Venga.

Factores de riesgo no modificables

Estos son aspectos que no podemos cambiar, pero conocerlos nos ayuda a entender mejor por qué algunas personas están más predispuestas a desarrollar osteoporosis. Se ha apuntado en otros capítulos, pero es el momento de extendernos:

- Edad y sexo. A medida que envejecemos, nuestros huesos pierden densidad de manera natural y esto aumenta el riesgo de osteoporosis. En mujeres, este riesgo es mayor debido a la menopausia, durante la cual se produce una caída en los niveles de estrógenos, hormonas esenciales para la salud ósea. Los huesos de cualquier mujer en este momento vital, a pesar de que lleve una vida activa y saludable, están más frágiles y sus articulaciones más rígidas.
- Predisposición genética. La genética también juega un papel crucial en el riesgo de desarrollar osteoporosis. Si en tu familia hay antecedentes de esta enfermedad es probable que tengas una mayor predisposición. Por ejemplo, si tu padre y abuela sufrieron de osteoporosis, debes estar especialmente atento a tu salud ósea, incluso si aún no presentas síntomas.
- Raza y etnicidad. Aunque la evidencia no es concluyente, algunos estudios sugieren que ciertas etnias podrían tener diferentes tasas de osteoporosis. Se ha observado, por ejemplo, que las personas de ascendencia

caucásica tienen una mayor incidencia de osteoporosis en comparación con aquellas de ascendencia africana. Sin embargo, esta diferencia no está claramente demostrada y no debería ser el único factor considerado. No hay evidencias concluyentes y, ya lo sabéis, sin evidencias, no hay ciencia.

Factores de riesgo modificables

Ahora, pasemos a los factores de riesgo modificables. Estos son los aspectos de nuestro estilo de vida que sí podemos cambiar para reducir el riesgo de osteoporosis. Estos sí están en nuestras manos y, por lo tanto y aunque sea difícil cambiar hábitos, es de vital importancia concienciarse.

- Consumo de tabaco y alcohol. Los tóxicos como el tabaco y el alcohol son enemigos de la salud ósea (y de toda la salud en realidad). Son el Joker de Batman, la kriptonita de Superman, el lado oscuro en Star Wars. Fumar reduce la capacidad del cuerpo para absorber calcio, un mineral esencial para los huesos, y aumenta la resorción ósea, es decir, la destrucción del hueso. Eso y que, no nos engañemos, también produce cáncer. Aquí estamos para cuidar de tus huesos, pero también para recordarte que fumar mata. De manera similar, el alcohol en exceso también impide la absorción de calcio. Por lo tanto, la recomendación es clara: no basta con reducir, hay que eliminar completamente el tabaco y el alcohol. Si eres fumador, aunque tengas una dieta rica en calcio, tu hábito de fumar está afectando gravemente a la salud de tus huesos. Si eliminas el tabaco de tu vida mejorarás significativamente tu densidad ósea. Y también reducirás el riesgo de cáncer, entre otras muchas contraindicaciones. Fumar mata. Fumar mata. Fumar mata.

- Fármacos. Algunos medicamentos pueden afectar negativamente a la salud ósea. Los corticoides, por ejemplo, se utilizan para tratar diversas enfermedades crónicas, pero su uso prolongado puede causar osteoporosis. Imaginemos a Roberto, que padece de asma severa y ha estado usando corticoides durante años. Su médico le recomienda reducir la dosis al mínimo necesario para controlar su asma, de manera que se minimicen los efectos secundarios en sus huesos. Otros medicamentos, como los inhibidores de la bomba de protones (omeprazol) y ciertos antiepilépticos, también pueden aumentar el riesgo de osteoporosis. Muchas personas toman omeprazol durante largos períodos sin supervisión médica, a veces para tratar síntomas menores de acidez o indigestión que podrían gestionarse con cambios en la dieta o estilo de vida, y claro, no son conscientes de que a largo plazo puede tener riesgos: deficiencia de vitamina B12, aumento del riesgo de infecciones gastrointestinales, problemas renales... y osteoporosis, claro. En general, es fundamental que los médicos y pacientes revisen con regularidad su medicación para encontrar el equilibrio adecuado entre tratar la enfermedad subyacente y proteger la salud ósea. Por lo tanto, aquí la medicina primaria juega un papel muy importante porque es el primer detector del problema y de la regulación de dosis.

- Alimentación. La dieta es un factor que podemos controlar al 100 %. Una alimentación rica en calcio y vitamina D es esencial para mantener los huesos fuertes. Recomiendo leer el capítulo siete al respecto en el que la explicación es mucho más precisa y extensa de todo lo que yo pueda decir aquí. Pensemos en Elena, una mujer que sigue una dieta mediterránea, rica en lácteos, verduras, legumbres y pescado. Esta dieta no solo le proporciona los nutrientes necesarios para sus huesos, sino que también le ayuda a mantener una buena salud cardiovascular. En caso de que la dieta no sea suficiente, los suplementos de calcio y vitamina D pueden ser necesarios, especialmente en personas mayores o con condiciones que afectan la absorción de estos nutrientes. Normalmente, recomendamos que tenemos que llegar a los mil miligramos diarios de calcio, aproximadamente. En mujeres de entre cincuenta y un a setenta años se recomiendan doscientos más (1.200 mg) igual que en adultos mayores de setenta. Si la dieta se puede llevar correctamente, no hacemos suplementos.

Por su lado, la vitamina D en la dieta es complicada, y lo que hacemos es recomendar que el paciente tome el sol veinte minutos más o menos al día, en horas en las cuales no tenga una exposición alta para evitar quemaduras o el crecimiento de un cáncer de piel. Los suplementos de la vitamina D normalmente son farmacológicos.

Dieta mediterránea... ¡la mejor del mundo! Están los lácteos, por supuesto, que son los que llevan más calcio, pero tenemos mucha verdura, mucha legumbre; y el pescado también nos aporta calcio. Se trata de concienciar que todo esto no es solo por la osteoporosis, sino también por la calidad de vida; con una buena dieta rica en calcio y vitamina D incidimos en muchos factores de salud, incluso en riesgos cardiovasculares. Come bien, vive mejor.

- Actividad física. ¡Sorpresa! El ejercicio regular es crucial para la salud ósea. La actividad física no solo fortalece los músculos, sino que también estimula los huesos, y los ayuda a mantenerse fuertes. Nos hacemos mayores, nos da más pereza o tenemos problemas físicos que nos limitan, pero, y siendo muy simplista, si no activamos el hueso, este hueso no reclama calcio. Imaginemos a Luis, un hombre de sesenta años que ha decidido empezar a caminar treinta minutos al día. Y, además, si lo hace en horas que le toque un poquito el sol en la cara, el escote, los brazos y las piernas, Luis ya está haciendo dos cosas en una. Al hacerlo, no solo mejora su salud general, sino que también fortalece sus huesos y reduce el riesgo de fractura. Para las personas mayores, actividades como caminar, nadar o hacer yoga son ideales. Para los más jóvenes, ejercicios de bajo impacto como el aquagym pueden ser muy beneficiosos. Correr, saltar, ejercicios tipo pádel, que ahora está como muy de moda, no lo aconsejo. A los pacientes, cuando pienso que a veces no entienden del todo la importancia de moverse, les explico que si nosotros nos movemos, el músculo también trabaja y si el músculo trabaja, protege mejor el hueso. Por tanto, ya buscamos una función. Al mismo tiempo activamos el sistema circulatorio, con lo cual es mucho más fácil que el calcio que absorbemos en el tubo digestivo vaya a través de la sangre al hueso. Es una manera de prevenir las caídas, y de no sufrir fracturas si caemos, porque fortalecemos el músculo y el hueso. Y, por otro lado también, el paciente se nota más activo, más ágil. Con el ejercicio adecuado podemos fortalecer la musculatura paravertebral. Hay muchas personas que tienen dolor en la espalda y lo que hacen es ponerse fajas, que llevan días, semanas, meses y años. Es lo peor que pueden hacer porque la columna es nuestro eje. Si debilitamos la musculatura paravertebral, esos discos que están en medio de la columna se van pinzando, es decir, producen pinzamiento del nervio, y eso facilita las caídas, porque ya no tenemos la misma fuerza.

Para complementar todo esto te recomiendo leer el capítulo 8 en el que la doctora Ester Costa entra en profundidad en el tema y asesora con acierto.

Seguimos.

- No podemos dejar de hablar de los trastornos hormonales. Por supuesto, los trastornos hormonales también van a ser un factor directo de la osteoporosis. No estamos hablando solamente de los estrógenos en la menopausia, también de personas que tienen un exceso de cortisol y personas que tienen un hiper o un hipotiroidismo. Para las mujeres posmenopáusicas la terapia de reemplazo hormonal (TRH) puede ser una opción para prevenir la pérdida ósea. La TRH ayuda a reponer los niveles de estrógeno, que disminuyen drásticamente durante la menopausia. Imaginemos a Alicia, que ha entrado en la menopausia y comienza a experimentar síntomas de osteoporosis. Su médico le sugiere la TRH como una forma de proteger sus huesos y aliviar otros síntomas menopáusicos y sería un acierto que lo haga.
- Hábitos de sueño. El sueño también juega un papel importante en la salud ósea. Dormir adecuadamente permite que el cuerpo regule las hormonas necesarias para mantener el equilibrio del calcio en los huesos. Por ejemplo, si una persona no descansa bien, puede tener niveles elevados de cortisol, una hormona que, en exceso, puede llevar a la pérdida ósea. En este caso

pensemos en Clara, que sufre de insomnio. Su médico le recomienda adoptar una rutina de sueño saludable, incluyendo ir a la cama y despertarse a la misma hora todos los días, y evitar el uso de dispositivos electrónicos antes de dormir. Al mejorar su calidad de sueño Clara también mejorará la salud de sus huesos y dejará de hacer *scroll* hasta horas intempestivas.

Algunos factores de riesgo más específicos

Además de los factores de riesgo generales modificables y no modificables, existen ciertos factores específicos que pueden afectar la salud ósea. Estos factores incluyen condiciones médicas particulares y estilos de vida que, aunque no son universales, pueden tener un impacto significativo en la densidad ósea de algunos individuos.

- Enfermedades crónicas. Algunas enfermedades crónicas, como la artritis reumatoide y el lupus, pueden aumentar el riesgo de osteoporosis. Estas enfermedades autoinmunes pueden causar inflamación crónica, que a su vez puede afectar negativamente a los huesos. Por ejemplo, Laura, una paciente con artritis reumatoide, no solo sufre de dolor articular sino también de pérdida ósea. Su médico le prescribe medicamentos específicos para controlar la inflamación y le recomienda ejercicios de bajo impacto para mantener la densidad.

- Trastornos alimentarios. Los trastornos alimentarios, como la anorexia nerviosa y la bulimia, pueden tener efectos devastadores en la salud ósea. La desnutrición y la deficiencia de nutrientes esenciales como el calcio y la vitamina D, que son comunes en estos trastornos, pueden llevar a una significativa pérdida de masa ósea. Imaginemos a Carla, una joven que ha estado luchando contra la anorexia. Después de recibir tratamiento para su trastorno alimentario, su médico le prescribe suplementos de calcio y vitamina D y le recomienda una dieta equilibrada para ayudar a restaurar la salud de sus huesos.
- Amenorrea. La ausencia de menstruación, o amenorrea, puede ocurrir por varias razones, incluyendo el ejercicio excesivo y el bajo peso corporal. La amenorrea puede conducir a una disminución en los niveles de estrógeno, lo que a su vez puede causar pérdida ósea. Por ejemplo, Sofía, una atleta de alto rendimiento, experimenta amenorrea debido a su intenso régimen de entrenamiento y bajo peso corporal. Al trabajar con su entrenador y un nutricionista, Sofía ajusta su dieta y su plan de ejercicios para recuperar su menstruación y proteger su salud ósea.
- Problemas de absorción. Las condiciones que afectan la absorción de nutrientes en el intestino, como la enfermedad celíaca y la enfermedad de Crohn (enfermedad inflamatoria intestinal crónica que puede afectar cualquier parte del tracto gastrointestinal, causando

síntomas como dolor abdominal, diarrea severa, fatiga y pérdida de peso. Su causa exacta es desconocida, pero se cree que involucra una combinación de factores genéticos, inmunológicos y ambientales) pueden llevar a una deficiencia de calcio y vitamina D, y esto aumenta así el riesgo de osteoporosis. Imaginemos a Daniel, un paciente con enfermedad de Crohn. Para asegurar una adecuada absorción de nutrientes, su médico le prescribe suplementos específicos (en la enfermedad de Crohn recomienda evitar la ingesta de lácteos con lo que habrá que ofrecerlo de otra forma o con suplementos) y le recomienda una dieta adaptada a su condición.

Estilo de vida y prevención

Es importante diferenciar, y ya que estamos en el capítulo de factores de riesgo y estilo de vida, que podemos diferenciar entre osteoporosis primaria y osteoporosis secundaria. La primaria es la idiopática, no tenemos ninguna causa aparente. La secundaria es en la que tenemos ya factores que nos pueden predisponer. En esta segunda es cuando debemos estar alerta para prevenir y tratar. Las recomendaciones en consulta habitualmente son hábitos de vida saludables y seguros, que esto es una frase muy bonita, pero luego hay que matizarla. Vamos a ello. Las recomendaciones incluyen mantener un peso saludable, evitar el consumo de bebidas con fosfatos (como los refrescos), y crear un entorno seguro en casa para evitar caídas.

- Mantener un peso saludable. Tanto el peso bajo como el sobrepeso pueden afectar la salud ósea. Las personas con peso bajo tienen menos masa ósea y tejido graso para proteger los huesos, lo que aumenta el riesgo de fractura. Por otro lado, aunque el sobrepeso puede proporcionar cierta protección contra las fracturas debido al mayor tejido graso, también puede llevar a otros problemas de salud. Por ejemplo, Marcos, que tiene peso bajo, decide trabajar con un nutricionista para ganar peso de manera saludable, mejorando así la densidad de sus huesos. Lo que se ha visto es que personas que tienen peso bajo están más expuestas a padecer de osteoporosis. Y, curiosamente, también tienen más facilidad para fracturas. Hay dos causas. La primera, al tener un exceso de peso corporal, se cuenta con un mayor paquete adiposo alrededor de los huesos que los protege ante las caídas. Nos podemos romper igual, pero, al tener esa «chichonera», estamos más protegidos, sobre todo de las fracturas de cadera. Además, el sobrepeso se relaciona también con una mejor formación de vitamina D.
- Evitar bebidas con fosfatos. El fosfato, presente en muchas bebidas carbonatadas (¿te suena esa bebida de color negro que Papa Noel anuncia en Navidad?), puede interferir con la absorción de calcio. Imagine-

mos a Sara, que solía beber varias latas de refresco al día. Al aprender sobre los efectos negativos del fosfato en sus huesos, decide cambiar los refrescos por agua o zumos naturales, mejorando así su salud ósea (y sus molestias estomacales y su sueño ahora es más placentero...).

- Crear un entorno seguro. Es vital que el hogar sea un lugar seguro para prevenir caídas. No voy a extenderme porque hay un capítulo orientado hacia este punto, concretamente el nueve, pero cabe decir que construir un hogar seguro incluye eliminar alfombras sueltas, asegurar que haya buena iluminación y usar calzado adecuado. Y luego, claro, en caso de personas que tienen inestabilidad, aconsejar también los bastones o caminadores. «Me levanté sin encender la luz y llevaba chancletas...». Ains, ¡alma de cántaro! ¡Si no quieres que te toque el bingo no compres un cartón!

Importancia de la educación y de la concienciación

La educación y la concienciación son elementos básicos para prevenir la osteoporosis. Es esencial que tanto los pacientes como sus familiares estén informados sobre la enfermedad y las medidas preventivas.

- Programas educativos. Se deben implementar programas educativos que involucren a diferentes disciplinas médicas, como la atención primaria, la reumatología, la traumatología y la rehabilitación. Estos programas deben enfocarse en la prevención, diagnóstico temprano y tratamiento de la OP. Por ejemplo, en una comunidad, en un barrio, organizar talleres educativos en los que participen médicos, nutricionistas y fisioterapeutas. Estos talleres deben de estar dirigidos a personas de todas las edades, con el objetivo de enseñarles sobre la importancia de la salud ósea y cómo mantenerla.

- Concienciación familiar. Cuando un paciente es diagnosticado con osteoporosis, es útil involucrar a sus familiares en el proceso educativo. Imaginemos a nuestra Laura, que ya la conocéis. En sus visitas médicas, Carlos también asiste y aprende sobre la enfermedad y las medidas preventivas. Al aplicar estos conocimientos, Carlos puede involucrar a sus hijos y entre todos comprender los miedos de su madre y también entender la enfermedad
- Prevención desde la juventud. Es crucial empezar la prevención desde una edad temprana. Las buenas prácticas deben inculcarse desde la infancia para asegurar huesos fuertes en la edad adulta. Por ejemplo, en las escuelas, se podrían incluir clases sobre nutrición y ejercicio físico (en algunas ya se hace), enseñando a los niños la importancia de una dieta equilibrada y la actividad física regular para la salud ósea.

Ya acabo, que hemos dejado a Laura un poco tocada y seguro que el lector está preocupado.

Resumo. La osteoporosis es una enfermedad que puede tener un gran impacto en la calidad de vida, pero, con la educación adecuada y un enfoque proactivo en el estilo de vida y la nutrición, es posible prevenir y manejar sus efectos. Comprender los factores de riesgo, tanto modificables como no modificables, adoptar una dieta rica en nutrientes esenciales, mantener un estilo de vida activo y seguir las recomendaciones médicas son pasos fundamentales para proteger la salud ósea. Con este conocimiento, estaremos mejor equipados para enfrentar y entender la osteoporosis y vivir una vida mejor. Y, por supuesto, se hace necesaria una revisión regular tanto de densitometrías óseas como de análisis de sangre para verificar los niveles de calcio y vitamina D.

Te dejo con Laura. A ver si tú la animas...

Todas estas explicaciones eran agradecidas por Laura, pero lo cierto es que su vida había pasado de la «normalidad» a una situación de prevención continua. Una nueva fractura no sería agradable y aún no había podido asimilarlo todo.

Iba a comenzar con la medicación, la dieta recomendada y el ejercicio físico, pero todavía no era realmente consciente de cómo estaba cambiando todo. De hecho, en su cabeza solo cabía una pregunta... ¿Y ahora qué?

Segunda parte
Tengo osteoporosis... ¿y ahora qué?

«Un médico no solo trata enfermedades; trata a la persona que tiene la enfermedad».

Maimónides (filósofo, rabino y médico judío, 1138-1204)

6.
Fármacos y tratamientos para enfrentarse a la osteoporosis

Dra. Delia Taverner y Dra. Ester Costa

Laura salió de la farmacia con una bolsa de papel arrugada, el ruido de las pastillas retumbando suavemente dentro. Se trataba de los suplementos de calcio y vitamina D, junto a los bisfosfonatos. Le habían hablado de Prolia y otros nombres ininteligibles que debía administrarse por inyección subcutánea, pero de momento el doctor había preferido empezar con bisfosfonatos porque no estaba Laura en el grado más alto de posibilidad de fractura. Eso era bueno, ¿no? Mejor, pensó Laura, de pequeña no quería jugar a las enfermeras, demasiado aprensiva para pincharse. El sol de la tarde de verano brillaba sobre el pavimento caliente mientras se dirigía hacia su coche estacionado. Entró en el coche y comenzó a abrir las cajas. Sus nuevos compañeros de viaje. Cinturón de seguridad.

Los primeros días fueron un torbellino de adaptación. Laura miraba las cápsulas y tabletas, y se preguntaba cómo estas pequeñas píldoras podrían alterar tanto su día a día. Siguiendo las indicaciones de su médico, se sumergió también en ejercicios de bajo impacto: caminar pausadamente por el vecindario y desenrollar su esterilla para practicar yoga en la sala de estar. Cada postura era un recordatorio tangible de su nueva realidad.

Sin embargo, la rutina no tardó en pesarle. Sentada en la cocina una tarde, con la mesa salpicada de pastillas y frascos, sintió un nudo en la garganta. ¿Cómo había llegado a esto? ¿Cómo podía ser que su vida ahora se rigiese por horarios de medicamentos y la constante sombra de la osteoporosis?

Las lágrimas de frustración escaparon sin control. Se vino abajo. Era una sensación de pérdida de control sobre su propia vida, una sensación de estar atrapada en un ciclo de preocupaciones y cuidados constantes. Aunque veía progresos en su salud, había días en los que la osteoporosis parecía definir cada decisión que tomaba, cada pensamiento que cruzaba su mente. Y, encima, los bisfosfonatos le estaban dando dolores de estómago que le afectaban a tener un peor descanso nocturno.

Un día, una llamada cambió todo a peor. La noticia de que un amigo cercano había sufrido una fractura similar resonó en Laura como un eco de sus peores temores. Se sintió abrumada por una mezcla de empatía por su amigo y miedo por su propio futuro. ¿Sería este su destino inevitable? ¿Vivir siempre bajo la sombra de la fragilidad ósea, con la constante preocupación de un nuevo quiebre? Carlos le hizo pensar en que el caso de su amigo no tenía que ver con ella lo más mínimo, pero Laura no salía de su bucle de pensamientos.

En esos momentos, se aferraba a la esperanza que su médico le había dado, a las pequeñas victorias diarias de seguir su tratamiento y cuidar de sí misma. Pero, aun así, el peso emocional de la enfermedad era abrumador en ocasiones, como una sombra que no se disipaba ni con el sol del mediodía ni con la noche cerrada.

Como doctoras especializadas en osteoporosis, uno de nuestros principales objetivos terapéuticos es disminuir el riesgo de fractura en los pacientes, además de evaluar y mejorar la densidad mineral ósea (DMO). Es algo que se viene repitiendo en todo este libro. Es momento pues de profundizar un poco más en el tratamiento y en los fármacos recetados.

En el tratamiento de la osteoporosis utilizamos dos grandes tipos de fármacos: los antirresortivos y los osteoformadores. Esta distinción es crucial para entender cómo cada medicamento puede beneficiar a un paciente dependiendo de su situación específica. Para ello disponemos de unas guías de práctica que nos ayudan a decidir el tratamiento concreto. Pero vamos a empezar por la distinción de los fármacos. Los que disminuyen la resorción y los que estimulan la formación de hueso nuevo.

Tipos de fármacos (I). Antirresortivos

Los antirresortivos son medicamentos que disminuyen la resorción ósea. Evitan, por tanto, la pérdida de hueso. Aunque son efectivos, no son tan potentes como los osteoformadores. Entre los antirresortivos encontramos:

- Bisfosfonatos. Estos medicamentos se pueden administrar vía oral (como el alendronato y el risedronato) o por vía endovenosa (zoledronato entre otros) y son fármacos ampliamente utilizados en la actualidad en nuestros pacientes con osteoporosis. Funcionan al inhibir la actividad de los osteoclastos, las células responsables de la resorción ósea, lo que ayuda a reducir la tasa de pérdida ósea y a aumentar la densidad ósea. Es importante tomarlos en ayunas para favorecer su absorción y no acostarse durante al menos treinta minutos después de su toma para evitar molestias gastrointestinales o esofagitis.
- Denosumab (Prolia). Administrado semestralmente mediante inyección subcutánea, denosumab inhibe la acción del RANKL, una molécula que activa los osteoclastos (células que degradan el hueso). Este medicamento es adecuado para pacientes que no toleran bien los bisfosfonatos o para aquellos con una osteoporosis más grave. Laura parece tener problemas gastrointestinales con los bisfosfonatos vía oral, así que es posible que se tenga que replantear el tratamiento. Iremos siguiéndola.

Tipos de fármacos (II). Osteoformadores (anabólicos)

Los osteoformadores, también conocidos como anabólicos, son más potentes que los antirresortivos y estimulan la formación de nuevo hueso. Por esta razón se reservan para pacientes con muy alto riesgo de fractura. Algunos ejemplos incluyen:

- Teriparatida y abaloparatida. Estos medicamentos, que se administran diariamente mediante inyección subcutánea, son análogos de la hormona paratiroidea y estimulan la formación ósea. El tratamiento con teriparatida está limitado a un máximo de dos años, mientras que el de abaloparatida es de un año y medio, aunque en casos específicos esta posología puede variar.
- Romosozumab. Este medicamento es dual, ya que tiene tanto efectos formadores como antirresortivos. Inhibe la esclerostina, una molécula que regula negativamente la formación ósea, y se administra mensualmente mediante inyección subcutánea durante un año.

Individualización del tratamiento

Se ha de recetar un fármaco u otro va muy en función del paciente. La elección del tratamiento adecuado depende del riesgo de fractura. Para pacientes con un riesgo muy alto de fractura es preferible comenzar con un osteoformador debido a su capacidad para actuar con más rapidez y fortalecer el hueso de manera significativa. En estos casos, el objetivo es actuar de forma rápida y potente para minimizar la situación de alto riesgo. En casos menos graves se podría iniciar con un antirresortivo.

Por ejemplo, si una mujer de cincuenta años se fractura la muñeca y su densidad ósea es solo moderadamente baja, es posible que no necesite un anabólico y que un antirresortivo sea suficiente (¿os suena?). En cambio, para alguien con múltiples fracturas vertebrales y una densidad ósea muy baja, sería más apropiado empezar con un osteoformador. Tranquila, Laura, que tu caso es el primero. Tienes que ver el vaso medio lleno.

Duración del tratamiento

Los tratamientos anabólicos por regla general y a excepción de algún caso específico, se administran con una duración bien definida y limitada. Recordemos que la abaloparatida se utiliza diariamente durante un año y medio, la teriparatida durante dos años y el romosozumab por un año. Después de este período los pacientes suelen ser transferidos a un antirresortivo para mantener los beneficios óseos alcanzados.

En contraste, los antirresortivos pueden ser usados durante más tiempo, con estudios que respaldan su uso hasta los diez años en algunos casos. Denosumab, por ejemplo, puede administrarse de manera continua, pero es importante tener en cuenta que puede tener efecto rebote si no se aplica posteriormente un antirresortivo para sellar su efecto. Y así evitar nuevas fracturas.

Efectos secundarios y precauciones

Cada medicamento puede tener efectos secundarios. Los bisfosfonatos orales pueden causar molestias gastrointestinales o esofagitis, por lo que se recomienda no acostarse durante al menos treinta minutos después de su ingesta. Los antirresortivos también pueden estar asociados con osteonecrosis de mandíbula, especialmente después de procedimientos dentales invasivos, y fracturas atípicas de fémur. Por lo tanto, y aunque estas son complicaciones muy poco frecuentes, es esencial que los pacientes mantengan una buena higiene dental y consulten a su dentista regularmente. Ante cualquier duda es importante consultar con su reumatólogo para informarse correctamente del procedimiento a seguir en estos casos.

Por otro lado, los osteoformadores pueden causar hipercalcemia, por lo que se requiere un monitoreo regular del calcio en sangre. Dicho de una forma sencilla, como forman hueso, a veces aumenta el calcio en sangre de forma inadecuada. Además, algunos pacientes pueden experimentar malestar general, dolor en el cuerpo o desánimo, lo que implicaría la discontinuación del tratamiento. En cualquier caso, estos fármacos se controlan de forma habitual en las consultas de reumatología de forma rutinaria y en general son bien tolerados.

Aunque no es común combinar diferentes tipos de tratamientos a la vez en casos específicos puede ser necesario. Por ejemplo, si un paciente en tratamiento con denosumab sufre una fractura, se podría combinar con un osteoformador para aumentar la eficacia. De hecho, como ya hemos anunciado en párrafos anteriores, el denosumab tiene un problema de efecto rebote, si se retira sin poner otro antirresortivo a continuación. Sin embargo, estas combinaciones suelen ser manejadas por especialistas en osteoporosis y no son la norma en la práctica clínica.

Lo que nos indican las guías de práctica clínica es que es mejor formar primero y luego inhibir la resorción ósea. Evidentemente estos protocolos se deben adaptar a cada paciente teniendo en cuenta sus características clínicas y las de cada fármaco. Por ejemplo, la teriparatida está contraindicada si el paciente ha recibido radioterapia previamente o si tiene una enfermedad de Paget.

Los casos en los que existe un elevado riesgo de fractura como serían tener una DMO muy baja o antecedentes de fractura vertebral, serían los más tributarios para iniciar un tratamiento osteoformador. En el caso de que el riesgo de fractura sea bajo, se podría iniciar con un tratamiento antirresortivo. En el caso de Laura se ha optado por bisfosfonatos porque su riesgo es bajo (a pesar de que Laura aún piense que «todo es fatal», no está entre los peores casos) y porque su «miedo» a pincharse también ha hecho decidir al médico y confiar en los bisfosfonatos por vía oral. No sería aconsejable «agobiar» más a Laura.

Conclusiones

El tratamiento de la osteoporosis es altamente individualizado y debe ser adaptado a las necesidades y circunstancias de cada paciente. Lo ideal es comenzar con un osteoformador en casos de muy alto riesgo para formar hueso rápidamente y luego mantener la densidad ósea con un antirresortivo. Es crucial que los pacientes entiendan las diferencias entre estos tipos de medicamentos y trabajen con sus médicos para elegir la mejor opción de tratamiento de forma consensuada de cara a no generar más estrés. Al final, el objetivo es siempre reducir el riesgo de fractura y mejorar la calidad de vida de los pacientes con osteoporosis.

Es importante resaltar también que el coste-efectividad debe ir encaminado siempre a evitar las fracturas, porque son las fracturas (las de cadera y las vertebrales) las que provocan un gasto elevado en el sistema de salud: los ingresos, los fármacos, etc. Una vez más, se debe recordar que es fundamental concienciar al paciente de su situación y prevenir fracturas.

Vamos ahora a aprender a comer mejor y más sano. Se trata de otra pata fundamental para que no cojee la mesa de nuestra salud en general y otro elemento básico a controlar para la gente que padece osteoporosis en particular. ¿Te vienes al siguiente episodio? Es hora de comer. Ya tengo hambre.

7. Nutrición y salud de los huesos

Sra. Áurea Peña

En un principio, en su día a día en la oficina, tras la retirada de la escayola, las secuelas de la fractura le impidieron usar el teclado del ordenador con comodidad y, evidentemente, volvió a pedir la baja. Semana y media después, Laura regresó al trabajo y su jefe le asignó tareas menos exigentes. «Tómatelo con calma», le dijo. Laura agradeció la empatía, no todos los jefes la tienen, pero, aunque se sintió comprendida, no pudo tampoco evitar sentirse infravalorada. Ella misma se cuestionaba su propia valía en el trabajo.

A todo ello se sumó la nueva dieta. Laura siempre había sido de buen comer y su constitución nunca la había reprimido de zampar cualquier cosa que le apeteciera, un buen chuletón o picar entre horas algo de bollería bien azucarada. Pero ahora era diferente. Las espinacas nunca fueron santo de su devoción ni los lácteos. Tampoco era demasiado fan del pescado. Y mucho menos de tomar un poco el sol o hacer ejercicio físico continuado. Así que ahora ya no se quedaba tampoco a comer en la oficina, y todo eso también la alejaba de su necesidad de contacto social. Además, el aparentemente inofensivo «cigarrillo de después de comer» que ya no podía fumarse le hizo darse cuenta de que estaba demasiado enganchada a ese hábito. Y no tomar café era algo que también le producía algo de mono. Algo, no. Bastante mono. Un gorila enorme. Todo lo (ahora) prohibido le deprimía. ¿Tampoco podía beber cola? Ufff. En realidad, no le habían hecho un plan tan rígido, sino que le habían simplemente pedido que tuviera una alimentación saludable y equilibrada, pero se estaba obsesionando.

Hartos de verla así de «enfadada con el mundo», tanto sus hijos como su marido decidieron hacer su misma dieta y también hacer ejercicio en familia. Solidaridad, se llama. Y eso fue un acicate fundamental en su aceptación de hacer una dieta más sana. Toda la familia comía lo que ella comía y Carlos, además, dejó de tomar su café solo con hielo en la sobremesa. La dieta familiar era una más rica en calcio y proteína. Y Laura empezó a entender que todo iba relacionado: si hago ejercicio y como bien, me siento más animada. Y si conecto con mi familia, me siento arropada.

La importancia de tener un buen estilo de vida

Las influencias genéticas condicionan hasta un 80 % el remodelado del hueso y la densidad mineral ósea, pero el 20 % restante está influido por la nutrición, el estilo de vida, la actividad, el peso, la composición corporal y la situación hormonal.

Es necesario poner en valor la importancia de la alimentación en lo que se refiere a la salud de los huesos, pero no nos engañemos, también es importante en problemas articulares y en la salud en general del individuo. Muchas veces la parte nutricional se pone en un lugar secundario y cuesta mucho que se entienda (por suerte cada vez más) como un valor prioritario. De los cuatro pilares de la salud (ejercicio físico, un buen descanso, una correcta y equilibrada alimentación y un cuidado de la salud mental) posiblemente es el que más influye en que los demás también se equilibren. La conjunción de estos factores proporciona un estilo de vida saludable y sobre todo previene. Al ser un factor modificable tiene un impacto muy importante en la salud ósea.

La nutrición es uno de los factores modificables más importantes con impacto en la salud ósea. Los nutrientes pueden tener un efecto directo, cuando son necesarios para formar parte de la estructura del hueso o pueden actuar de manera indirecta, mejorando la absorción o utilización del calcio y otros nutrientes importantes en la salud ósea, o contribuir a modificar las hormonas calciotropas. Por otra parte, muchos nutrientes interaccionan entre sí y existen influencias genéticas y ambientales que modulan estas interacciones.

En conclusión, el desarrollo de programas que fomenten cambios en el estilo de vida, especialmente una ingesta equilibrada de nutrientes, es imperativo para la reducción del riesgo de osteoporosis, junto con la actividad física regular. En general, la adherencia a un patrón dietético saludable que incluya frutas, verduras, cereales integrales, aves, pescado, nueces y legumbres, y productos lácteos bajos en grasa y la evitación de productos alimenticios procesados será beneficiosa para la salud ósea, disminuyendo los riesgos de osteoporosis y fracturas.

Esos factores de riesgo...

- Muy peso bajo. Poca densidad del hueso de reforzarse al no tener que aguantar una carga mecánica.
- Mucho peso. La inflamación causada por la grasa corporal aumenta la destrucción de hueso y reduce su construcción.
- Poco consumo de minerales para reforzar el hueso como calcio, fósforo o magnesio.
- Poca vitamina D. Esta ayuda a absorber minerales y depositarlos en el hueso.
- Sedentarismo y poco trabajo con cargas (pesas) o impactos (carrera).
- Desregulaciones de hormonas como la paratiroidea, la del crecimiento, la tiroidea, el cortisol o las hormonas sexuales.
- Uso de algunos medicamentos como corticoides.
- Presencia de enfermedades inflamatorias (enfermedad de Crohn, colitis ulcerosa, artritis reumatoide).

- Problemas en el intestino que afectan a la absorción de nutrientes como la celiaquía o presencia de disbiosis (alteraciones en la microbiota).
- Trastornos genéticos.
- Consumo de tabaco y alcohol regular.

Calcio, calcio y más calcio

Es preciso seguir un plan de alimentación equilibrado y saludable, que asegure un aporte adecuado de energía (conviene evitar las restricciones, especialmente en mujeres posmenopáusicas, sobre todo si tienen osteopenia/osteoporosis), así como de algunos nutrientes o hábitos que son fundamentales para el hueso.

El calcio es el mineral más abundante del esqueleto, aproximadamente mil gramos, en forma de cristales de hidroxiapatita, que contiene el 99 % del calcio corporal y el 80 % del fósforo y agua. Estos dos elementos desempeñan un papel importante en la fortaleza de los huesos. Para conseguir el pico de masa ósea, y para prevenir su pérdida con la edad, el calcio es el nutriente más importante. Además, tiene funciones metabólicas celulares muy importantes, y es básico en el funcionamiento normal de una gran variedad de tejidos y procesos fisiológicos del organismo.

El esqueleto, a su vez, constituye el principal reservorio de calcio. En él, el calcio ejerce dos funciones básicas, el mantenimiento de la integridad estructural y la regulación de la función metabólica. El calcio dietético contribuye a la homeostasis corporal del mismo, a la adecuada mineralización del osteoide y a mantener la densidad mineral y la calidad del hueso. Además de la cantidad de calcio aportado por la dieta, la absorción del calcio dietético constituye un factor crítico que determina la disponibilidad biológica del mismo. El calcio en los alimentos se encuentra en forma de sales o asociado a otros constituyentes; en condiciones fisiológicas se absorbe principalmente en el intestino delgado. La capacidad del intestino delgado para absorber el calcio contenido en la dieta depende, además de la cantidad de calcio aportado, de la solubilidad e ionización de las sales de calcio, ambas pH dependientes y de la disponibilidad de vitamina D.

Varios factores afectan la eficiencia de la absorción intestinal de calcio, la cual depende de las necesidades fisiológicas del organismo. Cuando estas aumentan, la eficiencia de la absorción también lo hace; así el crecimiento, el embarazo, y la lactación estimulan la absorción intestinal de calcio, mientras que el envejecimiento la disminuye. Para que ese mecanismo fisiológico de adaptación se adecúe a las necesidades del organismo, se precisa de un estatus adecuado en vitamina D.

La absorción de calcio dietético, de modo genérico, disminuye con un mayor contenido de grasa, fibra, fitatos, oxalatos, o cafeína, y aumenta con la lactosa y el contenido proteico de la dieta. El calcio se absorbe en forma iónica en el intestino proximal (entre el 5-40 % del total ingerido con los alimentos). La biodisponibilidad del calcio se ve afectada, tanto en positivo como en negativo, por la presencia de otros factores presentes en los alimentos:

- La lactosa favorece su absorción.
- Los oligosacáridos (fructooligosacáridos —FOS—) alcanzan el colon donde fermentan y pueden actuar como prebióticos. La presencia de FOS favorece la absorción de calcio que no ha sido absorbido en el intestino delgado. (Se recomienda consumir puerro, espárragos, cebolla, alcachofas, avena, soja, plátano, legumbres, patata y boniato enfriado [almidón resistente], ajo, manzana, cacao y frutos rojos).
- Es importante que la relación calcio/fósforo en la dieta sea igual o mayor a 1 para optimizar la disponibilidad del calcio. Es difícil de controlar porque en nuestra dieta hay más aporte de fósforo.
- El ácido oxálico es uno de los inhibidores más potentes de la absorción del calcio. El anión oxalato se une al calcio a nivel gastrointestinal, apareciendo oxalato cálcico en heces.
- Un aporte excesivo de fibra (>50g/día) podría interferir la absorción de calcio, pero el aporte medio de la población es insuficiente, por lo que no se puede aconsejar un descenso en su consumo. Además, la fibra ejerce un efecto prebiótico favorable para la microbiota intestinal, lo que parece mejorar la absorción del calcio, la salud esquelética y la prevención de fracturas.

- El exceso de sodio parece favorecer la eliminación renal de calcio. Un aporte excesivo de sodio (frecuente en poblaciones desarrolladas) condiciona un aumento de la excreción de calcio por orina y resulta desfavorable para el hueso, especialmente si el aporte de calcio y vitamina D no es el adecuado.

La absorción del calcio ingerido en los alimentos o en los suplementos dietéticos o farmacológicos depende en gran parte de la secreción gástrica del ácido clorhídrico. La importancia de la secreción gástrica en su absorción es crítica, y tiene una gran relevancia clínica en pacientes con hipoclorhidria o aclorhidria por las siguientes causas: destrucción o pérdida del funcionamiento fisiológico de las células parietales gástricas, autoinmune, asociada al envejecimiento; iatrogénica, por gastrectomía total o cirugía bariátrica empleando técnicas de marcapasos, o por tratamiento médico con inhibidores de la bomba de protones (IBP) o antagonistas de los receptores de histamina H2, empleados para el tratamiento del reflujo gastroesofágico o úlcera gástrica.

En cualquier caso, en estos pacientes se debe potenciar la obtención de calcio mediante aporte dietético, fundamentalmente mediante leche o sus derivados, puesto que el contenido de calcio en los mismos se disocia enzimáticamente con más facilidad, y la lactosa, y proteínas de la leche favorecen su absorción.

Con el envejecimiento, los mecanismos fisiológicos adaptativos para potenciar la absorción de calcio están muy deteriorados. La disponibilidad de vitamina D está muy disminuida y el proceso de conversión gástrica de calcio en Ca2+ es por lo general poco eficiente, por lo que resulta conveniente que el aporte de calcio se efectúe mediante alimentos que contengan sales fácilmente difusibles e ionizables.

Además de la absorción mayoritaria del calcio (90 %) por el intestino delgado, una parte residual, pero importante, se produce en el colon, que puede potenciarse por la fermentación ácida. Distintos constituyentes de los alimentos han sido clásicamente considerados potenciadores de la absorción de calcio destacando algunos componentes de la leche, como lactosa, lactulosa y fosfopéptidos de caseína, y algunos oligosacáridos. Se recomienda seguir una ingesta adecuada de calcio. Las necesidades del organismo humano de calcio y fósforo dependen de las condiciones fisiológicas y/o patológicas que suceden a lo largo del ciclo vital. Según tabla: 1.200 mg calcio/700 mg fosforo por día.

Fuentes de calcio: leche, yogur, kéfir, quesos, requesón, bebidas vegetales enriquecidas, semillas de sésamo, chía, lino, pipas de girasol, higos secos, orejones, pescados con espinas (sardinas en conserva, boquerones, salmonetes o bacaladillas pequeñas), garbanzo, alubia blanca, soja, tofu con sales de calcio o yogur de soja, almendras, avellanas, cacahuetes, almejas, mejillones, langostinos, gambas, coliflor, brócoli, coles de Bruselas, col rizada, kale, acelgas, espinacas.

«No olviden supervitaminarse y mineralizarse» (Super Ratón *dixit*)

La vitamina D es imprescindible para la absorción y utitlización de calcio. Además, actúa sobre los osteoblastos, favorece la formación de diversas proteínas de la matriz ósea y modula el crecimiento del hueso, inhibiendo su degradación. También contribuye al mantenimiento del tono y la contracción muscular, lo que disminuye el riesgo de caídas, que podrían ser el origen de fracturas.

Cuando se produce una deficiencia en vitamina D disminuye un 15 % de la absorción del calcio y hasta un 60 % la del fósforo, disminuye el calcio sérico ionizado, que es detectado por los sensores de calcio de las glándulas paratiroideas, resultado de un aumento de la expresión, síntesis y secreción de la hormona paratiroidea (PTH); la misión de la PTH es conservar el calcio aumentando la reabsorción tubular proximal y distal del mismo y movilizando calcio desde el hueso.

En más de un 90 %, la vitamina D se aporta al organismo por la exposición al sol y algo menos de un 10 % a partir de la dieta normal o suplementada. Los alimentos habituales contienen muy poca vitamina D, salvo que estén suplementados, y en España pocos lo están, y los que lo están es en cantidades mínimas. Se ha de suplementar en base a parámetros analíticos y/o clínicos. Se recomienda:

- Exposición solar unos veinte minutos diarios en cara, brazos y piernas, si es posible (variará según fototipos).

- Alimentos ricos en vitamina D: pescado graso (caballa, salmón, sardinas, atún), arenques, aceite de hígado de bacalao, lácteos enteros y yema del huevo, productos enriquecidos en vitamina D (cereales, bebidas vegetales, etc.), champiñones, setas, hongos.

Pero hay más vitaminas para tener en cuenta. La vitamina K interviene en la formación de la matriz ósea durante la mineralización. De hecho, una ingesta insuficiente de vitamina K se asocia con menor carboxilación de la osteocalcina, baja DMO y aumento del riesgo de fractura. Tiene una acción sinérgica con la vitamina D. Sus principales fuentes son las hortalizas de hoja verde como la espinaca, col rizada (o berza), brócoli y lechuga, arándanos azules, higos, carne, queso, huevos y granos de soja.

La vitamina C puede mejorar la salud ósea gracias a sus propiedades antioxidantes. Es capaz de suprimir la actividad de los osteoclastos. También actúa como cofactor de la diferenciación de osteoblastos y participa en la formación de colágeno. La vitamina C es un marcador de un patrón dietético saludable rico en frutas y verduras. Sus fuentes principales son el pimiento rojo, verde, col de Bruselas, brócoli, frutas frescas (fresón, naranja, melón, limón, mango, kiwi, lima, guayaba, papaya, mandarina), verduras y hortalizas (col, coliflor, berro, espinaca, tomate).

Proteínas y minerales

Las proteínas son muy importantes en el remodelado del hueso por proporcionar los aminoácidos necesarios en la construcción de la matriz ósea y en el mantenimiento de la masa muscular. También contribuyen a disminuir la producción de la hormona paratiroidea (PTH) y aumentan la producción y acción de la *Insulin-like Growth Factor 1* (IGF-1), implicada en la proliferación y actividad de los osteoblastos y en la hidroxilación renal para obtener la forma hormonal activa de vitamina D, lo que contribuye a aumentar la absorción de calcio y fósforo en el intestino y su fijación ósea.

Una ingesta proteica excesiva aumenta la producción de ácidos y puede favorecer la movilización de calcio del hueso y su eliminación urinaria. Una ingesta de 1,2-1,6 g/kg de peso al día de proteínas de alta calidad es aconsejable para conseguir los máximos beneficios sanitarios. Es especialmente importante en personas mayores con osteoporosis, y siempre debe ir acompañada de una ingesta dietética adecuada de calcio. También es importante tener en cuenta el efecto anabólico de la ingesta de proteínas que, junto con la actividad física, es un impulsor principal de la síntesis de proteínas musculares. Al practicar ejercicio, la masa y la fuerza muscular mejoran, y la combinación de una ingesta adecuada de proteínas y ejercicio induce un mayor grado de acumulación de proteínas musculares que cada intervención por separado.

De la misma manera, una ingesta equilibrada de proteínas en la dieta combinada con ejercicio de resistencia es un contribuyente esencial para el mantenimiento de la fuerza ósea. Las principales fuentes de proteínas en dietas saludables provienen de la carne, el pescado, las aves, los huevos, los productos lácteos y las legumbres. Se aconseja repartir la ingesta proteica a lo largo del día (desayuno-comida-cena).

Otros minerales, como el magnesio y el potasio, tienen un papel importante en la salud ósea. El potasio dietético puede reducir la carga ácida y, por lo tanto, la pérdida de calcio de los huesos. Aparte de su papel en el mantenimiento de un estado alcalino en el cuerpo, el potasio también puede aumentar la acumulación de calcio en los riñones. El magnesio también es necesario para el metabolismo del calcio. Después del potasio, el magnesio es el segundo catión intracelular más abundante. El magnesio se encuentra en la mayoría de los alimentos integrales, como las verduras de hoja verde, las legumbres y los frutos secos. Las cantidades diarias recomendadas de magnesio son de 310-360 mg y de 400-420 mg para mujeres y hombres, respectivamente. Los requerimientos varían entre individuos según la edad, el sexo y el estado nutricional previo.

Además, el magnesio participa en el intercambio de iones de calcio y potasio a través de las membranas celulares, y es esencial para la actividad neuronal y las contracciones musculares. Aproximadamente el 50-60 % del contenido corporal total de magnesio se acumula en el hueso. Asimismo, el magnesio induce la proliferación de osteoblastos; por lo tanto, su deficiencia se asocia con una menor formación ósea. El magnesio también es necesario para la activación de la vitamina D, ya que la mayoría de las enzimas implicadas en el metabolismo de la vitamina D requieren magnesio. Las poblaciones que consumen más alimentos procesados (granos más refinados, azúcares y grasas) tienen niveles más bajos.

En sujetos mayores, una ingesta baja de magnesio provoca una liberación excesiva de calcio del hueso, lo que empeora aún más la fragilidad ósea y aumenta los riesgos de fracturas y caídas. Las fuentes alimentarias de magnesio son legumbres, verduras (acelga, espinaca), quesos, plátano, albaricoque, chocolate, frutos secos (avellana, almendra, piñón, cacahuete, nuez, pistacho, anacardo), soja y derivados, quinoa, aguacate y cereales integrales.

Omega 3 (y no es la tercera parte de la película *Omega*, es un ácido graso)

El consumo de ácido eicosapentaenoico (EPA) y ácido docosahexaenoico (DHA) pueden influir en el crecimiento y remodelación óseo en humanos a través de la inhibición de la resorción ósea y también estimulando la formación ósea. El pescado y los mariscos son ricos en PUFA (es decir, en ácidos grasos poliinsaturados), especialmente los n-3 AG (los omega-3), que se sabe que tienen un efecto antiinflamatorio que mejora la calidad ósea.

Recomendaciones:

- Consume entre dos y tres cucharadas de aceite de oliva virgen extra para cocinar y aliñar al día como mínimo.
- Incluye fuentes de omega 3: pescado azul, marisco, semillas de lino, semillas de chía, algas, yema del huevo, aguacate, moras, fresas, nueces.

El folato (un nutriente necesario) y la vitamina B-12 también podrían influir en los huesos al reducir las concentraciones de homocisteína; la homocisteína está relacionada con una menor densidad mineral ósea y un mayor riesgo de fractura.

El zinc se puede encontrar en frijoles, nueces y cereales integrales, pero el fitato en estos alimentos lo hace menos biodisponible que el zinc de fuentes animales. Se han descrito concentraciones más bajas de zinc en suero y hueso en pacientes con osteoporosis.

Algunas recomendaciones más. Elementos y alimentos a evitar

Se aconseja evitar el sedentarismo, realizar ejercicio físico de resistencia y de fuerza o fortalecimiento muscular dentro del programa de entrenamiento; buscar asesoramiento con un profesional de la actividad física para realizar un entrenamiento adaptado a nuestra edad y nuestras características personales. También se ha observado que el consumo de alimentos con un efecto probiótico son fundamentales para el hueso. Algunos de estos alimentos son: puerro, espárragos, cebolla, alcachofas, avena, soja, plátano, legumbres, avena, patata y boniato enfriado (almidón resistente), ajo, manzana, cacao y frutos rojos.

Otras recomendaciones o aspectos que se **deberían evitar** o tener en cuenta a la hora de alimentarme para proteger nuestros huesos:

- Abusar del café (no tomar más de tres tazas al día), ya que aumenta la pérdida de calcio vía urinaria. Reducir el consumo de otras fuentes de cafeína como refrescos, té, chocolate.
- Poner mucha sal a los alimentos, ya que también aumenta la pérdida de calcio vía urinaria. Tomar como mucho 1 cucharadita rasa de café. Evita el consumo de alimentos ricos en sal (ultraprocesados o precocinados, concentrado de caldo, salsas, embutidos, etc.).
- Consumir bebidas gaseosas, pues contienen ácido fosfórico el cual, entre otros efectos, dificulta la absorción de calcio.
- Aceites vegetales refinados, ya que disminuyen la absorción de la vitamina K, que es imprescindible para los huesos.
- Consumo de alcohol, porque es un factor de riesgo de osteoporosis y retrasa la curación de fracturas.
- Consumo de tabaco.

- Reduce el consumo de carne a lo largo de la semana, principalmente de carne roja y procesada, además de los alimentos ricos en azúcar y refinados.
- Especial atención en pacientes con hipoclorhidria (disminución de la producción de ácido clorhídrico en el estómago), ya que la absorción de calcio ingerido en los alimentos depende en gran parte de la secreción gástrica del ácido clorhídrico y estos pacientes podrían tener una absorción de calcio deficitaria.
- Los oxalatos contenidos en algunas verduras (espinacas, berza, hojas de remolacha, berro, ruibarbo, escarola, hojas verdes) reducen la absorción del calcio, para reducir su contenido hay que tirar el caldo de cocción.
- Los fitatos contenidos en las legumbres, cereales integrales y frutos secos también disminuyen la biodisponibilidad del calcio. Para mejorar su absorción podemos tener en cuenta las técnicas como remojar, tostar y germinar.

Conclusiones

Debido a que el hueso es un tejido modulado nutricionalmente, una ingesta nutricional equilibrada de nutrientes específicos (a partir de una dieta específica y/o mediante una integración dietética) puede considerarse como el primer paso para una estrategia preventiva eficaz contra un estado osteopénico.

Para mejorar la calidad del hueso, se deben consumir diariamente frutas y verduras (cinco raciones; en particular, se prefieren las frutas y verduras de color naranja por su contenido en betacaroteno y vitamina C y las verduras de hoja verde por su contenido en vitamina K, ácido fólico, magnesio y prebióticos), hidratos de carbono (cereales integrales por su contenido en fibra y zinc), lácteos o derivados (en el caso de que no tengamos ninguna malabsorción y los toleremos adecuadamente), aceite de oliva virgen extra (casi 20 mg/día por su contenido en vitamina E y polifenoles) y beber suficiente agua.

Las raciones semanales deben incluir pescado (por su contenido en vitamina D, proteínas y omega 3), carne blanca (por su contenido en proteínas, hierro y vitamina B12), legumbres, huevos, quesos (por su contenido en proteínas, calcio y vitamina B6) y carnes rojas (una vez a la semana como mucho.) La frecuencia de consumo de cada uno de estos alimentos proteicos dependerá del patrón alimentario de la persona, sus gustos, preferencias, además de su estado clínico y fisiológico.

Algunas personas con osteopenia/osteoporosis necesitan algún tipo de suplementación personalizada. Si no se pueden cubrir los requerimientos diarios con la dieta, la suplementación con calcio, vitamina D, magnesio, omega 3, etc., puede ser de ayuda, pero todo ello se realizará con supervisión médica.

Se está investigando el impacto de la composición de la microbiota intestinal en la DMO, así como la efectividad de la suplementación con prebióticos y probióticos, y la ingesta de polifenoles presentes en frutas, verduras y aceite de oliva.

Cómo llegar a 1.200 mg de calcio diarios:

- 250 ml de leche semidesnatada o bebida vegetal enriquecida en calcio y sin azúcares añadidos al día.
- 2 yogures naturales de cabra oveja al día.
- 3-4 veces a la semana espinacas, acelgas, brócoli, judías verdes, etc.
- 2 raciones de sardinas frescas o boquerones a la semana.
- 1 puñado con la mano cerrada de almendras o avellanas al día.
- 2 veces a la semana alubias blancas o garbanzos.
- 1 tarrina de queso fresco al día.

8. Ejercicio físico y osteoporosis

Dra. Ester Costa

La mañana era fresca y luminosa cuando Laura entró en el gimnasio, con su bolsa del Decathlon al hombro y una mezcla de ansiedad y determinación en su rostro. El aroma a desinfectante y el sonido de las máquinas resonaba en el aire, creando un ambiente que, aunque familiar, siempre le recordaba su nueva realidad: la osteoporosis.

Caminó con cautela hacia la sala de fisioterapia, donde la luz del sol se filtraba por las ventanas, pintando el suelo de un patrón moteado. El terapeuta, un hombre de mediana edad con una sonrisa acogedora, la recibió con un gesto amable. Se sentó en una camilla mientras él revisaba su historial médico y comenzaba a explicar el plan de tratamiento para fortalecer sus huesos y mejorar su movilidad.

Las primeras sesiones fueron difíciles. Cada movimiento parecía un recordatorio. El terapeuta guiaba con paciencia cada ejercicio, ajustando las resistencias y asegurándose de que Laura no se esforzara demasiado. Cada repetición era un desafío.

Aspectos generales

Cuando hablamos de osteoporosis es importante entender que el ejercicio físico se convierte en un aliado fundamental dentro del tratamiento no farmacológico. La actividad física resulta fundamental de cara a prevenir y paliar la osteoporosis. Ayuda tanto a aumentar la masa muscular como la ósea, así como a disminuir la pérdida de densidad de esta misma. Además, reduce la posibilidad de fractura debido a que incrementa la flexibilidad, el equilibrio y la fuerza muscular. El ejercicio mejora la coordinación de movimientos y ayuda a sentirse mejor a quien lo practica, también a nivel de salud mental. Es básico recomendar realizar ejercicio físico de acuerdo con la edad y las limitaciones físicas del paciente. Lo más recomendable es combinar ejercicios de resistencia y aeróbicos con otros de fortalecimiento y equilibrio.

Es evidente que el sedentarismo es un enemigo tenaz para nuestros huesos, y es que la inmovilización prolongada puede acelerar la pérdida de masa ósea, aumentando el riesgo de desarrollar osteoporosis. El ejercicio físico regular, especialmente aquellos que proporcionan un estímulo mecánico en los huesos, como los ejercicios de impacto o la contracción de los músculos circundantes, estimula la formación ósea. Esto significa que actividades que generan una carga sobre los huesos, como caminar, bailar o subir escaleras, son esenciales para mantener o incluso mejorar la densidad mineral ósea (DMO). Además, mejora el equilibrio y la coordinación, lo cual es crucial para prevenir caídas, una de las principales causas de fracturas en personas con osteoporosis. Aparte, aumenta la fuerza muscular, que nos ayuda a tener un mejor soporte para los huesos y reducir la carga sobre ellos. El ejercicio actúa, por lo tanto, como un doble agente en nuestra salud. No solo fortalece los huesos y músculos, sino que también tiene beneficios cardiovasculares y mejora el estado de ánimo. Imaginemos que el ejercicio es un engranaje en una máquina bien aceitada; cada componente tiene su función, y juntos trabajan para mantener el sistema en perfecto estado.

Existen diferentes tipos de ejercicios que podemos realizar para abordar la osteoporosis desde distintos ángulos. Los ejercicios de resistencia, como el uso de bandas elásticas o levantamiento de pesas, son excelentes para fortalecer la musculatura y reduce la carga sobre los huesos. También tenemos los ejercicios aeróbicos con soporte de peso (caminar, bailar, subir escaleras, etc.). Sin embargo, hay que tener cuidado con los ejercicios que implican movimientos bruscos o de alto impacto, como saltar o correr, ya que pueden aumentar el riesgo de fractura. Es fundamental evitar movimientos de flexión o torsión repetida del tronco, como los abdominales tradicionales o ciertos movimientos en el golf o el tenis, especialmente en pacientes con antecedentes de fracturas vertebrales, ya que también aumentan el riesgo de éstas.

En resumen, el ejercicio físico es un componente clave en el tratamiento de la osteoporosis. Es como un escultor que, con paciencia y precisión, va dando forma y fuerza a nuestra estructura ósea. A través de la combinación de diferentes tipos de ejercicio y bajo la supervisión adecuada, mejoraremos todos los aspectos indicados en anteriores párrafos y además nuestra salud vital general. Lo evidente es que se necesita que haya una carga mecánica en el hueso, ya sea un impacto o que haya una contracción del músculo, pues es lo que hace que se estimule la formación ósea.

El taichí como aliado

El equilibrio es un aspecto que no debemos pasar por alto. Actividades como el taichí y el yoga son muy beneficiosas para mejorar el equilibrio, lo que es especialmente útil en personas mayores. Estas prácticas, al igual que una danza lenta y armoniosa, ayudan a conectar mente y cuerpo, reduciendo el riesgo de caídas.

El taichí es una práctica milenaria que combina movimientos suaves y fluidos con una respiración controlada y una profunda concentración mental. Aunque a menudo se asocia con la meditación en movimiento y las artes marciales, el taichí ofrece una amplia gama de beneficios para la salud, especialmente relevante para personas con osteoporosis. Los aspectos fundamentales que desarrolla el taichí y que ayudaran a los pacientes con osteoporosis son a grandes rasgos:

- Mejora del equilibrio y la coordinación. El taichí se centra en movimientos lentos y controlados que requieren un equilibrio constante. Practicar estos movimientos ayuda a mejorar la estabilidad y la coordinación. La mejor analogía sería pensar en el taichí como una forma de meditación en movimiento que entrena el cuerpo para mantener el equilibrio en diferentes posiciones y movimientos.
- Aumento de la fuerza muscular. A través de posturas mantenidas y movimientos repetitivos el taichí fortalece los músculos, especialmente en las piernas y el tronco. Al mejorar la fuerza muscular se proporciona un mejor soporte a los huesos y se reduce la carga sobre ellos, disminuyendo el riesgo de fracturas.
- Flexibilidad y rango de movimiento. Los movimientos suaves y continuos del taichí ayudan a aumentar la flexibilidad y el rango de movimiento de las articulaciones. Esto es particularmente beneficioso para las personas mayores y aquellos con movilidad limitada, ya que puede ayudar a aliviar la rigidez y mejorar la función articular.
- Reducción del estrés y mejora del estado de ánimo. El taichí incorpora técnicas de respiración profunda y meditación, lo cual ayuda a reducir el estrés y la ansie-

dad. Esta práctica puede llevar a una mejora general en el estado de ánimo y en la salud mental, proporcionando una sensación de calma y bienestar. Y, señoras y señores, en el atribulado siglo XXI esto empieza a ser de obligado cumplimiento.

- Mejora de la postura. Al enfocarse en la alineación corporal correcta durante los movimientos el taichí ayuda a mejorar la postura. Una mejor postura puede aliviar la tensión muscular y reducir el riesgo de lesiones, contribuyendo a una salud ósea y muscular óptima.
- Estímulo a la mente-cuerpo. El taichí promueve una fuerte conexión mente-cuerpo. La concentración requerida para coordinar movimientos y respiración puede mejorar la conciencia corporal y la concentración mental, lo cual es beneficioso para la salud cognitiva y emocional. Recuerden al concepto: conciencia corporal.
- Beneficios cardiovasculares y respiratorios. Aunque es una forma de ejercicio de bajo impacto, el taichí puede mejorar la función cardiovascular y la capacidad pulmonar. La práctica regular ayuda a aumentar la resistencia y la eficiencia del sistema cardiovascular.
- Adaptabilidad. El taichí es altamente adaptable, lo que significa que puede ser modificado para satisfacer las necesidades de personas con diferentes niveles de capacidad física. Esto lo convierte en una opción accesible para individuos con osteoporosis, artritis y otras condiciones crónicas.

En conclusión, el taichí desarrolla una combinación de equilibrio, fuerza, flexibilidad y bienestar mental, todo lo cual es crucial para gestionar y mitigar los efectos de la enfermedad que nos ocupa en este libro. A través de su práctica regular los individuos pueden experimentar mejoras significativas en su salud física y emocional. No obstante, el ejercicio debe ser prescrito y supervisado por un profesional cualificado, adaptándose a las necesidades y capacidades individuales de cada paciente para así establecer el tipo de ejercicio que le pueda ir mejor, la intensidad y la duración del programa de ejercicios. Cada persona es un mundo y cada individuo/a necesita aspectos concretos. Se recomienda que la actividad física sea de al menos treinta a cuarenta minutos por sesión y un mínimo de tres veces por semana. La intensidad debe ser leve-moderada al inicio, asegurando una buena técnica para hacer los ejercicios de forma adecuada, y aumentando gradualmente según la capacidad del paciente.

Otros aspectos para tener en cuenta y algún caso especial

El estado físico del paciente. Influye en la cantidad de carga física potencialmente tolerada, de forma que la intensidad y la frecuencia de repetición de los ejercicios se debe de ajustar a cada persona en función de varios parámetros, cómo son el índice de masa corporal, el nivel de entrenamiento previo, la fuerza muscular, la DMO, entre otros. Es importante que estos indicadores los ajuste un profesional capacitado, como un entrenador físico o un fisioterapeuta. Al final, lo que se persigue es crear una pauta de ejercicio individualizada que genere beneficio y evite una sobrecarga o un alto impacto, que como ya hemos visto puede ser perjudicial para el riesgo de fractura. Uno no debe preocuparse por un posible rendimiento inicial bajo, ya que luego tendrá tiempo de mejorar.

El estado emocional del paciente. La osteoporosis puede afectar gravemente la calidad de vida y, en algunos casos llevar a situaciones de depresión o ansiedad. En estos casos es esencial contar con el apoyo de un profesional de salud mental, ya que el bienestar psicológico también influye en la disposición y capacidad para realizar ejercicio.

Pacientes con fracturas vertebrales anteriores. Lo que estamos intentando evitar con estos ejercicios son nuevas fracturas vertebrales. Se tiene que ir especialmente con cuidado con determinados ejercicios, por ejemplo, la flexión anterior del tronco (agacharse para coger algún peso).

La edad. En jóvenes que tienen osteopenia (situación al límite de la osteoporosis) sin otros factores de riesgo, les recomendamos medidas no farmacológicas: ejercicio, una ingesta correcta de calcio, evitar consumo de tóxicos, etc., y hacemos controles. Así, en algunas ocasiones esta situación puede mantenerse estable y no producirse un empeoramiento de DMO.

En definitiva, y ya no solo para pacientes con osteoporosis, mi obligación, querido lector, es dejarte claro que el ejercicio no solo cambia tu cuerpo, sino que cambia tu mente, tu actitud y tu estado de ánimo. Es el primer paso hacia una vida más plena y saludable. Que cada movimiento que hagamos sea un recordatorio de nuestro compromiso con nuestra salud y bienestar. Que cada paso que demos sea hacia adelante para fortalecer nuestros huesos y nuestro espíritu.

Después de una hora de trabajo meticuloso con el fisio, Laura salió de la sala de fisioterapia con los músculos cansados, pero con una leve sensación de logro. Y es que era importante recuperar la movilidad de las muñecas, pero mucho más importante era prevenir nuevas caídas fortaleciendo su cuerpo. Respiró profundamente mientras se dirigía al área designada para la clase de taichí, un espacio tranquilo con esteras dispuestas en círculo y un espejo en una esquina que reflejaba su reflejo determinado. Ella, que siempre había fruncido el ceño cuando sus amigas practicaban yoga o taichí, ahora estaba a punto de empezar su primera clase. Buffff... ¡Quién te ha visto y quien te ve, Laurita!

Observó a los otros participantes, todos ellos parecían tan serenos, moviéndose con gracia y concentración. Laura se sintió un poco fuera de lugar al principio, un pez fuera del agua, y recordó las palabras confusas que leyó sobre el taichí en algún folleto del centro de salud. Sin embargo, decidió darle una oportunidad.

La instructora, una mujer de cabello corto y voz suave, la saludó con una sonrisa alentadora y la invitó a unirse al círculo. Comenzaron con movimientos lentos y fluidos, cada uno diseñado para fortalecer el cuerpo y calmar la mente. Laura siguió las instrucciones, concentrándose en la alineación de sus pies, la suavidad de sus movimientos y la sincronización con su respiración.

Al principio todo parecía un baile descoordinado de posturas extrañas y brazos oscilantes, pero a medida que la clase avanzaba algo empezó a cambiar dentro de Laura. Se encontró cada vez más relajada, dejando de lado las preocupaciones del día y enfocándose en el presente. Sus músculos se relajaron, sus pensamientos se aquietaron y, por un momento, la sensación de fragilidad y de duda se disipó.

Al final de la clase, cuando todos hicieron una reverencia y se dispersaron con una sonrisa de satisfacción, Laura se quedó un momento más en el círculo vacío. Cerró los ojos y sintió una chispa de esperanza arder dentro de ella, una pequeña pero poderosa llama que le recordaba que, a pesar de todo, estaba en camino de recuperar no solo su equilibrio físico, sino también su paz interior.

9. Estrategias para la prevención de caídas

Sra. Pilar Alamillo

Laura estaba sola en casa una mañana lluviosa. De pronto, se fue la luz. Al principio pensó que se trataba de los efectos de la tormenta sobre la señal eléctrica, pero no. Había luz en el pasillo y la radio seguía emitiendo los éxitos del momento. Simplemente se había fundido la bombilla de la lámpara. Miró hacia el techo donde esa bombilla fundida interrumpía la armonía de la habitación. Decidida a solucionarlo, se dirigió al armario y sacó una silla robusta, confiando en su estabilidad.

Colocó la silla cuidadosamente bajo la lámpara y, con cautela, subió. Mientras se extendía para alcanzar la bombilla su mente estaba dividida entre la tarea en mano y la precaución que debía tener. Sin embargo, en un breve descuido, su pie resbaló del borde de la silla. Sintió el vacío bajo sus pies y, en un instante eterno, su cuerpo cayó al suelo.

El impacto no fue severo, pero el golpe resonó en su mente como una alarma. Se quedó tendida unos segundos, evaluando su estado. Carlos había bajado a comprar y los chicos estaban en clase. El móvil lo había dejado en la habitación y no lo tenía a mano.

Al menos, Laura no sentía un dolor nuevo ni agudo, lo cual fue un alivio. Recordó las recomendaciones de su fisioterapeuta sobre cómo levantarse correctamente. Giró su cuerpo lentamente, apoyándose primero en las manos y luego en las rodillas, hasta que finalmente, al encontrar un punto de apoyo resistente, se puso de pie.

Precaución, querido paciente

Parafraseando a Perlita de Huelva en su canción para una campaña de la Dirección General de Tráfico en 1969, cambiemos su «precaución, querido conductor» por un «precaución, querido paciente». Si en ese *jingle* en los albores de la televisión española se pedía una conducción responsable, aquí vamos a pedir un poco de cuidado también a nuestros pacientes/lectores. El impacto de las caídas se complica en las personas con OP, resultando en fracturas por fragilidad. El 50 % de las personas con fracturas asociadas a una caída no recupera el nivel funcional previo. Así que, cuidado, por favor.

La mayoría de las caídas se pueden evitar. Es fundamental, por tanto, recomendar unos buenos hábitos y dar consejos útiles para la prevención de caídas, sobre todo en el hogar. Estos son:

- Utilizar zapatillas cerradas y con suela antideslizante. Por la calle utilizar zapatos que sujeten bien el pie, ni muy altos ni muy planos y con suela antideslizante. Es fundamental que en la calle estéis siempre atentos porque puede haber obstáculos (cuidado con la estabilidad de algunas partes de las calles). Si viajas en bus o metro vigila los frenazos bruscos en el transporte público.
- Tener cuidado con los animales domésticos tanto en casa como en la calle.
- Mantener una buena iluminación en casa. La luz debe ser amplia e indirecta en toda la casa, principalmente en el cuarto de baño y en el dormitorio. Mantener una luz piloto encendida toda la noche en diferentes puertas. No ir nunca a oscuras al baño durante la noche. A este respecto, es interesante evitar el uso de diuréticos por la noche para no tener que levantarse a menudo.
- Los interruptores tienen que estar a una altura fácilmente accesible. Se pueden poner adhesivos luminosos visibles en la oscuridad.
- Retirar las alfombras de casa o fijarlas al suelo con cinta adhesiva.
- Retirar cualquier mueble u objeto que obstaculice las zonas de paso.
- Recoger los cables del suelo y colocarlos de manera que no obstruyan el paso.
- Con relación a las puertas, el ancho debe ser de 80 cm con pomos de madera, palanca o tirador. Si son corre-

deras, las guías deben estar empotradas en el suelo para evitar el escalón. Las ventanas, mejor correderas.

- Guardar los alimentos y objetos de uso cotidiano en lugares que estén a mano. No hacer estiramientos forzados para coger dichos objetos.
- No subir a sillas o taburetes ni a escaleras... ¿eh, Laura? *Can you hear me*? Incluso se recomienda rampa para evitar escaleras.
- Utilizar la ducha mejor que la bañera, si puede ser sin escalera para entrar, en el mismo plano que el suelo.
- Plato de ducha antideslizante o alfombrilla antideslizante dentro y fuera de la ducha. En la medida de lo posible utilizad una silla de ducha para vuestra comodidad y seguridad.
- Colocar barras para agarrarse en la bañera e inodoro.
- Sujetarse de las barandillas al subir y bajar escaleras. No hacerlo nunca con las dos manos ocupadas.
- Colocar tiras antideslizantes de diferente color a cada escalón, y luces de señalización si es posible.
- Hacer revisiones periódicas de vista y oído. Es fundamental tener la graduación siempre correcta porque, evidentemente, una mala visión aumenta el riesgo de sufrir una caída. Es posible que no estés utilizando las gafas adecuadas o que tengas alguna enfermedad como glaucoma o cataratas que limite tu visión.
- Evitar pisar el suelo mojado o encerado. Evitar en general no solo elementos que puedan hacer resbalar sino irregularidades y desniveles.

- Utilizar bastón o andador si se tiene dificultad de movimiento. Se debe ajustar la distribución de los muebles en este caso. Con eso queremos decir que la distribución debe permitir caminar con andador, bastón o muleta.
- Se recomienda que la altura de las sillas y de la cama sea de 40-45 cm. Las sillas deben ser con respaldo y reposabrazos. Es importante que el asiento no se hunda al sentarse. El colchón, por su lado, no debe ser tan blando que se hunda, por lo tanto, no depresible. Cuando, por la mañana, os levantéis de la cama, no lo hagáis con prisa: sentaos un par de minutos antes de poneros de pie para evitar mareos.
- Colocar detectores de humo o gas en la cocina si es posible. La distribución en L de los muebles debe permitir tener siempre un punto de apoyo.
- Tener siempre el teléfono a mano y en un lugar accesible (¿eh, Laura?), así como los números necesarios en caso de emergencia. Es recomendable tener un sistema de autoayuda en caso de emergencia (telealarma o teleasistencia). En estos sistemas que funcionan con un sensor de movimiento, un timbre o un telefonillo, la persona puede comunicarse con una central de atención a las personas mayores.

No hay que obsesionarse con todos estos puntos, pero sí tenerlos en cuenta y poseer el suficiente sentido común para poner en práctica todos aquellos que consideres que afectan a tu situación específica.

Corrección de hábitos

- Evitar el consumo de tabaco.
- Limitar las bebidas alcohólicas, la ingesta de estimulantes como el café y la teína y las bebidas carbonatadas.
- Llevar una dieta equilibrada y rica en calcio (véase capítulo 7).

Cuidado con medicarse y sus combinaciones

- No tomar medicamentos que no hayan sido recetados por un médico.
- Algunos medicamentos o combinaciones pueden ocasionar somnolencia y/o mareos que pueden provocar una caída fatal.
- Control periódico de los factores de riesgo cardiovascular: TA, glicemia, etc.

¿Y si me caigo?

Si te has caído es importante que mantengas la calma (muy bien, Laura. Lo has hecho bien):

- Girar hasta adoptar la posición de boca abajo con los antebrazos apoyados en el suelo. Colocarse, apoyando las dos rodillas, en posición de gateo. Buscar con la mirada un elemento de apoyo firme. Por ejemplo, gatear hasta llegar a una silla o un lugar más estable.

- Colocar entonces las manos sobre la silla, doblar la rodilla de la pierna más fuerte para coger impulso. Si estás muy cansado o cansada, descansa en esta posición hasta que consideres que te puedes incorporar de forma definitiva.

Repito, Laura: muy mal eso de querer acercarse a la bombilla. Carlos se va a enfadar con razón. Muy bien la paciencia para levantarse de forma correcta y sin nervios.

Una vez sentada de nuevo y después de comprobar que había quedado en un susto hizo pensar a Laura. El hecho de haber sabido cómo levantarse correctamente le dio una chispa de esperanza, pero esa breve sensación positiva se desvaneció rápidamente, sustituida por una ola de ansiedad. La fragilidad de su situación la golpeó con fuerza, como si la caída hubiera sido una metáfora de su propia vulnerabilidad.

Pasó el resto del día en un estado de inquietud creciente y ni siquiera se atrevió a contarle a Carlos lo sucedido. La casa, que antes le brindaba seguridad y refugio, ahora parecía un lugar lleno de peligros ocultos. El simple acto de caminar por el pasillo se convirtió en una prueba de coraje.

Esa noche, mientras intentaba dormir, los pensamientos ansiosos giraban en su mente como un torbellino. Cada vez que cerraba los ojos revivía la caída una y otra vez. Decidió que necesitaba ayuda. No solo para su cuerpo, sino también para su mente.

Al día siguiente, con un valor renovado, Laura cogió el teléfono y buscó el número de una terapeuta recomendada por su médico. «Necesito hablar con alguien», se dijo a sí misma, reconociendo que su salud mental era tan importante como su salud física.

La caída había sido un despertar, un recordatorio de que la batalla contra la osteoporosis no solo se libraba en sus huesos, sino también en su mente. Y estaba decidida a ganar en ambos frentes. Vivía con la osteoporosis.

10. Una concienciación responsable

Sra. Josepa Roig

Una radiografía en las manos del doctor.

«Laura, tengo buenas noticias», dijo el médico con una sonrisa tranquilizadora. «No ha habido ninguna rotura tras la caída. Tus huesos están intactos». La noticia debería haber sido un alivio, pero en lugar de eso, Laura sintió una oleada de emociones que la abrumaron. Se vino abajo y no pudo contener el llanto. Carlos la rodeó con sus brazos, intentando consolarla, mientras el médico se sentaba a su lado.

«La ansiedad después de una caída es completamente normal, especialmente en tu situación. Creo que sería beneficioso que hablaras con un psicólogo. Puedo recomendarte a alguien con experiencia en estos casos».

Laura asintió y confirmó que ya había concertado una visita. Dos días después tenía su primera sesión de terapia.

Laura se encontró en la acogedora oficina de la psicóloga. El ambiente era cálido y tranquilizador, con luz suave y muebles cómodos. La psicóloga, una mujer de mediana edad, la recibió con un apretón de manos firme y un gesto que invitaba a sentarse.

«Entiendo que has pasado por un momento difícil recientemente. ¿Te gustaría contarme qué te ha traído aquí hoy?».

Laura tomó un respiro profundo, intentando calmar sus nervios. «Tuve una caída la semana pasada. No me fracturé nada, pero... desde entonces, no puedo dejar de sentirme ansiosa. Me asusta la idea de caer de nuevo, y esa sensación de vulnerabilidad... es...es...».

«Angustiante». La terapeuta acabó la frase de Laura y seguidamente asintió comprensiva. «Es completamente normal sentir ansiedad después de una caída, especialmente cuando se tiene osteoporosis. Tu cuerpo y tu mente han pasado por una experiencia traumática. Pero estás aquí para buscar ayuda, y eso es un gran paso. Y, además, te incorporaste tal y como te recomendaron».

«Me siento tan... frágil, como si cualquier cosa pudiera romperme».

«Vamos a trabajar juntas para cambiar esa percepción», dijo la psicóloga. «Quiero que pienses en este proceso como una forma de fortalecer no solo tu cuerpo, sino también tu mente. Veo que haces taichí. Muy bien. Hablaremos sobre técnicas para manejar la ansiedad y ejercicios para mejorar tu confianza y equilibrio».

«Cada vez que te sientas ansiosa quiero que practiques esta respiración profunda», indicó la especialista en psicología mientras demostraba una inhalación lenta y profunda seguida de una exhalación prolongada. «Imagina que estás llenando tu cuerpo de calma y soltando la tensión con cada exhalación».

Laura practicó imitando las indicaciones de la terapeuta, y sintió cómo la ansiedad empezaba a disminuir, aunque fuera solo un poco.

«Estás viviendo con la osteoporosis y debes aceptarlo. Vamos a trabajar juntas para que recuperes tu tranquilidad y fortaleza durante todo el día y no solo en clase de taichí», aclaró la psicóloga con una sonrisa alentadora.

Quizá fuera eso, aceptar que vivía con ello.

La osteoporosis y aceptar su presencia

Permitidme que, en este último capítulo de la segunda parte o bloque del libro, vuelva a poner sobre la mesa la adecuada transmisión de la información a los pacientes y su necesaria concienciación y comprensión de la enfermedad. Debe hacerse con la suficiente empatía y, sobre todo, con rigor científico borrando de las cabezas de quienes lo padecen toda una serie de rumores o informaciones sesgadas que huyen de la objetividad.

Para las personas que viven con osteoporosis, recibir el diagnóstico puede ser un impacto emocional significativo. La osteoporosis, como ya sabemos, está asociada con un alto riesgo de fractura, lo cual genera un temor considerable, que es justo lo que le pasa a nuestra amiga Laura. En las primeras consultas se tiene que explicar qué es la osteoporosis de una forma objetiva porque, desgraciadamente, las y los pacientes vienen de buscar información por internet, vienen del «mi vecina me ha dicho» o «una amiga me ha comentado que...», informaciones que realmente no tienen mucha base científica y las pueden llevar a una situación exagerada de tensión.

Una vez han entendido de alguna forma el diagnóstico, también nos encontramos con un perfil de paciente bastante imprudente. Como no hay dolor, se encuentran bien. Hay muchas personas que no tienen ni idea de que tienen osteoporosis hasta que aparece la típica fractura de muñeca, cadera, vértebras, hombro, húmero, cúbito, radio; todas estas son típicas.

Las primeras preguntas que realizamos son la de si se ha fracturado alguna vez algún hueso con anterioridad. Suelen hablarnos de fracturas infantiles, pero esas no cuentan. Cuentan las fracturas a partir de los cuarenta años. Las pacientes siempre les quitan importancia: «me caí, nada, una tontería, y me fracturé, pero porque caí mal. Si tú te caes como yo me caí también te lo hubieras roto». Es difícil empezar a quitarles esa negación que traen de casa a la consulta. Esa no aceptación. La primera entrevista está relacionada con el historial del paciente y se pregunta fundamentalmente por antecedentes personales (edad, historial de fracturas, menopausia...), antecedentes familiares, estilo de vida (tabaco, alcohol, dietas habituales, intensidad de la actividad física), si tiene enfermedades crónicas (artritis reumatoide, hipertiroidismo, enfermedades gastrointestinales) y el uso de medicamentos (corticosteroides pueden contribuir a la pérdida ósea).

Sin embargo, es crucial entender que tener osteoporosis no implica automáticamente que uno se vaya a fracturar. La clave está en la prevención de caídas y modificaciones en el estilo de vida como el ejercicio físico de fuerza y aeróbicos o utilizar bicicleta estática. Por supuesto, asegurar una ingesta adecuada de calcio y vitamina D, recomendando de forma general derivados lácteos, sardinas (con espinas), frutos secos, legumbres y verduras de hoja verde. Recomiendo visitar los capítulos correspondientes a cada uno de estos aspectos que aquí simplemente enumero. En este breve capítulo me gustaría hablar de otros aspectos relacionados con el día a día.

Debemos concienciar y educar en la enfermedad porque muchas personas no comprenden completamente qué es la osteoporosis y sus implicaciones, y se generan una negación como la que comentaba en los primeros párrafos. Es fundamental explicar que la osteoporosis no causa dolor directamente, a menos que haya una fractura.

La realización de densitometrías óseas cada cierto tiempo es fundamental. En algunos casos, se puede detectar osteoporosis mediante pruebas adicionales como la OsteoPro que valora la densidad ósea del talón.

La OsteoPro y la medida en el talón

La OsteoPro es un dispositivo utilizado para medir la densidad mineral ósea del talón (calcáneo) mediante una técnica conocida como ultrasonografía cuantitativa (QUS, por sus siglas en inglés). Este tipo de examen es una herramienta de detección y evaluación de la osteoporosis, pues proporciona una medida de la densidad ósea de una forma rápida, no invasiva y sin radiación.

¿En qué consiste la OsteoPro? La OsteoPro emplea ondas de ultrasonido para evaluar la densidad ósea del talón. Las ondas ultrasónicas se envían a través del hueso y se mide la velocidad y la ralentización de estas ondas al pasar por el hueso. Estos parámetros ayudan a determinar la calidad del hueso. En su procedimiento se prepara al paciente. El paciente se sienta y coloca el pie en un soporte del dispositivo donde se encuentra el transductor de ultrasonido. El transductor emite ondas de ultrasonido a través del talón. El dispositivo mide la velocidad y la atenuación del ultrasonido a medida que atraviesa el hueso. La máquina calcula la densidad ósea basada en su interacción con el hueso. Estos resultados pueden compararse con valores de referencia para determinar si hay pérdida ósea significativa.

Este dispositivo tiene grandes ventajas porque actúa sin radiación. A diferencia de la densitometría ósea (DEXA), que utiliza rayos X, la OsteoPro no emite radiación ionizante. Es rápido y eficaz. El procedimiento normalmente tarda unos pocos minutos, y es fácil de realizar. Una última ventaja es su portabilidad, los dispositivos de ultrasonido suelen ser portátiles y pueden ser utilizados en clínicas, consultorios médicos y otros entornos no hospitalarios.

Pero también, como todo en la vida, tiene sus limitaciones. Por un lado, el sitio de medición está solo en el talón, que puede no ser representativa de la densidad ósea en otras partes del cuerpo, como la cadera o la columna vertebral (que es donde se mide con una mejor certeza). Y, por otro lado, la sensibilidad y especificidad que, aunque es útil para la detección inicial de la osteoporosis, la precisión puede ser menor que la de la densitometría ósea DEXA. Los dispositivos que miden la densidad de los huesos de la columna vertebral y la cadera son más precisos, pero cuestan más que los dispositivos que miden la densidad de los huesos periféricos del antebrazo, el dedo o el talón.

La OsteoPro es particularmente útil para:

- Detección temprana. Identificar individuos con riesgo de osteoporosis que pueden beneficiarse de un examen más detallado.
- Evaluación rápida. Proporcionar una evaluación rápida de la salud ósea en entornos de atención primaria o comunitaria.
- Seguimiento. Monitorear cambios en la densidad ósea a lo largo del tiempo, especialmente en pacientes que no pueden acceder a una DEXA.

El OsteoPro es una herramienta eficaz para la evaluación preliminar de la densidad ósea, especialmente útil en situaciones donde se necesita una prueba rápida y sin radiación. Sin embargo, los resultados anormales suelen requerir una confirmación adicional mediante densitometría ósea DEXA para un diagnóstico definitivo y un plan de tratamiento adecuado para la osteoporosis.

Como se está viendo en el caso inventado de nuestra paciente Laura, es común que los pacientes necesiten tiempo para aceptar el diagnóstico de osteoporosis, especialmente si son jóvenes o no presentaban síntomas. Aunque no es común que los pacientes necesiten apoyo psicológico exclusivamente por la osteoporosis, es importante ofrecer un espacio de apoyo emocional y educativo. Modificar hábitos puede ser un desafío, pero es esencial para prevenir caídas y fracturas. Los pacientes deben ser motivados y apoyados en este proceso de adaptación.

La vida con osteoporosis en pacientes muy mayores

No es el caso de nuestra Laura, pero es algo que también es importante poner encima de la mesa.

Ya sabemos que por encima de los setenta y cinco años la fractura de cadera y otras no vertebrales aumentan su riesgo. Está claro que la edad influye, pero también lo que llamamos fragilidad como estado clínico. Si se cumplen tres de los siguientes criterios, pérdida de peso, debilidad muscular, agotamiento físico subjetivo, caminar lentamente e inactividad física, estamos ante un paciente denominado «frágil». Nos referimos, por lo tanto, no a una adjetivación popular sino a un criterio clínico objetivo. Si encima nos encontramos ante pacientes con osteoporosis, el riesgo de fractura y el peligro de caídas (incluso de mortalidad debido a ello) aumenta considerablemente.

Los fármacos antiosteoporóticos carecen de datos de eficacia en las edades más altas (mayores de ochenta años) porque estos pacientes suelen ser excluidos de los ensayos clínicos. Se hacen necesarios, debido al aumento de edad en la población, más estudios relacionados con el uso de medicación. Me gustaría aclarar con todo esto que la edad avanzada no debe ser motivo para no tratar la osteoporosis. Para empezar se deben ofrecer, por poner un ejemplo concreto, más suplementos en vitamina D debido a una menor exposición solar en estos pacientes, ya que su sedentarismo es mayor.

En resumen, vivir con osteoporosis requiere un enfoque integral que incluye la prevención de caídas, modificación de estilos de vida, ejercicio adecuado, nutrición balanceada y apoyo emocional. La educación y la concienciación son claves para que los pacientes puedan manejar su condición de manera efectiva y mantener una buena calidad de vida incluidos pacientes muy longevos.

Tercera parte
Otras miradas terapéuticas y apoyo en la salud mental del enfermo

«En la medicina, como en la vida, la integración significa más salud y bienestar para todos».

Victoria H. Maizes
(doctora estadounidense)

11. Opciones terapéuticas complementarias: enfoques naturales

Dra. María José Poveda

Laura escudriñó sus manos apoyadas en la ventana de la oficina. Los movimientos que antes le resultaban dolorosos ahora fluían con una nueva ligereza. Había pasado meses con una serie de ejercicios diseñados para fortalecer sus muñecas, y la recompensa era palpable. Su rutina diaria de alimentación, medicación y caminatas se habían convertido en un ritual revitalizante; el crujido de las hojas bajo sus pies le recordaba que estaba de vuelta en el mundo de los activos.

Las clases de yoga, además, se habían convertido en su oasis, un momento para desconectar del estrés y reconectar consigo misma. Y el taichí era el nuevo «cigarrillo» que quería «fumarse» cada mañana. Cada postura lograda era una victoria. Sus miedos se desvanecían lentamente con cada respiración profunda y la confianza en general estaba regresando como un viejo amigo. Laura sonreía mientras se preparaba para otro día, lista para enfrentar el mundo con una renovada seguridad.

Así que entró en la sala de reuniones con un ímpetu indestructible.

Antes de entrar en las opciones de apoyo alternativos o complementarios...

...Y como ya se ha dicho por activa y por pasiva, la osteoporosis es una enfermedad caracterizada por la fragilidad ósea y un alto peligro de fractura, que tiene un impacto significativo en la salud global, especialmente entre las personas mayores. La fractura es lo que queremos evitar con los tratamientos. A medida que la población envejece, la incidencia de osteoporosis y las complicaciones asociadas aumentan y se subraya la necesidad de estrategias de tratamiento eficaces.

Es interesante recordar algunas cuestiones ya referidas por mis compañeros, como ofrecer a los enfermos de osteoporosis una dieta con adecuado contenido en calcio, en vitamina D y en magnesio, generar en ellos una rutina de actividad física adecuada a su problema óseo y recetar aquellos fármacos que mejor pueden actuar en cada caso (formadores de hueso o no) y que tienen evidencia científica en sus resultados. En definitiva, construir un estilo de vida saludable que ayude al paciente.

El manejo nutricional es crucial en la prevención y tratamiento de la osteoporosis. Aunque los capítulos anteriores ya han abordado en detalle el calcio y la vitamina D, es importante resaltar su papel fundamental. La ingesta adecuada de estos nutrientes es esencial para la salud ósea. El calcio es el componente principal del hueso, y la vitamina D facilita su absorción y utilización. Los lácteos son la fuente más eficaz debido a su alta biodisponibilidad. En casos donde la dieta no es suficiente los suplementos pueden ser necesarios, aunque se debe tener cuidado con la elección del tipo de calcio (por ejemplo, citrato o carbonato) y las condiciones específicas del paciente, como la propensión a cálculos renales.

La vitamina D no solo es crucial para la absorción de calcio, sino que también tiene propiedades inmunomoduladoras y antiinflamatorias. La suplementación con vitamina D es más necesaria aún en pacientes mayores o institucionalizados, pues tienen un mayor riesgo de deficiencia debido a una menor exposición solar y cambios en la capacidad de síntesis cutánea.

Otros nutrientes importantes incluyen el magnesio, el silicio y la vitamina K2. El magnesio juega un papel en la formación ósea y la homeostasis del calcio. La vitamina K2 es esencial para la carboxilación de la osteocalcina, una proteína necesaria para la formación de hueso, aunque se debe tener precaución en pacientes con riesgo de hipercoagulabilidad o con insuficiencia renal.

El ejercicio, por su lado, es una piedra angular en el manejo de la osteoporosis. Promueve la salud ósea y muscular, mejora la fuerza, el equilibrio y la coordinación, lo que a su vez reduce el riesgo de caídas y fracturas. Se recomienda el ejercicio de fuerza, adaptado a las capacidades individuales. Actividades como el pilates han mostrado beneficios en la densidad mineral ósea debido a su enfoque en la fuerza y la estabilidad. Aunque la evidencia no es contundente, el pilates parece ser más beneficioso que el yoga en este aspecto, ya que incorpora ejercicios de resistencia y carga que son cruciales para la salud ósea. El yoga, por su parte, contribuye con técnicas de respiración y meditación, que también son beneficiosas, aunque de manera diferente. El taichí está especialmente recomendado para mejorar el equilibrio y prevenir caídas. Este ejercicio suave y de bajo impacto no solo ayuda a mantener el equilibrio, sino que también fomenta la conciencia corporal y la coordinación, aspectos importantes para la prevención de caídas en personas mayores. Además, practicar ejercicio en grupo puede aportar beneficios psicológicos y sociales, pues promueve un mayor compromiso con la actividad física. Hay que combinar ejercicio de fuerza con ejercicio aeróbico, sin excesos para no perder masa muscular. Caminar, siempre que no existan otros impedimentos, es bueno para la cadera, porque estás estimulando al hueso que se mantenga vivo en ese remodelado que va a facilitar la formación y la no supresión, básicamente.

Pero no voy a extenderme más de lo que ya que se ha desarrollado en anteriores capítulos. En este capítulo abordaremos qué hay más allá de los tratamientos convencionales, porque además de los habituales basados en evidencia hay un creciente interés en enfoques terapéuticos complementarios. Se debe dejar claro que, y lo recordaré en algunas ocasiones más durante el desarrollo del texto, estos métodos no están destinados a reemplazar la medicina convencional, sino a complementarla, ofreciendo potenciales beneficios adicionales en el manejo integral de la enfermedad. Existe una demanda entre los pacientes de este tipo de prácticas y debe ser satisfecha, pero siempre con la precaución necesaria para todo ello.

Entraremos en un campo que se saldría un poco de lo que es la medicina convencional basada en la evidencia, que es la que practicamos todos nosotros y nosotras. La serendipia no es tan habitual en ciencia. El método científico se sustenta siempre en la observación sistemática, la medición y la formulación de una objetividad comprobable en el experimento repetido. Así que, en lo referido a las siguientes prácticas, debemos ir con toda la cautela y la prudencia científica.

Acupuntura

La acupuntura y la medicina tradicional china son áreas de interés creciente. Aunque algunos estudios sugieren beneficios, la evidencia es limitada y no se incorporan en las guías clínicas convencionales debido a la falta de datos robustos. La acupuntura, por ejemplo, podría ser útil en el manejo del dolor, pero no hay evidencia suficiente para respaldar su uso en la mejora de la densidad mineral ósea.

Es una práctica de la medicina tradicional china (MTC) que data de hace más de 2.500 años. Implica la inserción de agujas finas en puntos específicos del cuerpo, conocidos como puntos de acupuntura. Estos puntos se encuentran en meridianos o canales, que, según la teoría de la MTC, son caminos a través de los cuales fluye la energía vital o «qi». La acupuntura busca equilibrar el flujo de qi y restaurar la salud estimulando estos puntos estratégicos. Aunque la perspectiva occidental de la medicina no reconoce los meridianos como tales, se han propuesto varias teorías sobre cómo la acupuntura podría funcionar:

- Liberación de endorfinas. La inserción de agujas puede estimular la liberación de endorfinas, que son analgésicos naturales del cuerpo. Esto puede ayudar a reducir el dolor, una preocupación común en pacientes con fracturas osteoporóticas.
- Mejora de la circulación sanguínea. La acupuntura puede aumentar el flujo sanguíneo local, lo que podría mejorar la nutrición del hueso y la eliminación de productos de desecho.
- Regulación del sistema nervioso. Se cree que la acupuntura puede influir en el sistema nervioso autónomo, ayudando a reducir el estrés y la ansiedad, factores que pueden influir negativamente en la salud ósea.
- Modulación inmune. La acupuntura puede tener efectos inmunomoduladores, que podrían ser beneficiosos en la inflamación crónica.

La evidencia científica sobre la efectividad de la acupuntura para el tratamiento de la osteoporosis es limitada y se encuentra en etapas preliminares. Sin embargo, algunos estudios sugieren posibles beneficios:

- Reducción del dolor. Diversos ensayos clínicos han mostrado que la acupuntura puede ser efectiva para reducir el dolor en pacientes con osteoporosis, mejorando así su calidad de vida.
- Mejora de la calidad de vida. Los pacientes que reciben acupuntura a menudo informan mejoras en la movilidad y en el bienestar general.
- Aumento de la densidad mineral ósea. Algunos estudios en animales y humanos han indicado que la acupuntura puede influir positivamente en la densidad mineral ósea, aunque se necesita más investigación para confirmar estos hallazgos.

Pero evidentemente hay que ser precavido por sus limitaciones en resultados convincentes, objetivos y suficientemente replicables:

- Evidencia insuficiente. Aunque algunos estudios son prometedores, la acupuntura no está ampliamente recomendada en las guías clínicas occidentales debido a la falta de evidencia concluyente.
- Riesgos potenciales. La acupuntura es generalmente segura cuando es realizada por un profesional capacita-

do, pero puede haber riesgos de infección, sangrado o daño tisular si no se realiza correctamente.
- No sustitutiva. Es crucial entender que la acupuntura debe ser vista como una terapia complementaria y no como un reemplazo de los tratamientos convencionales para la osteoporosis.

Por todo ello, la acupuntura puede ofrecer beneficios potenciales para los pacientes con osteoporosis, especialmente en la gestión del dolor y la mejora de la calidad de vida. Sin embargo, se necesita más investigación para establecer su efectividad y seguridad. Como siempre, es esencial que cualquier tratamiento complementario se discuta y se supervise con un profesional de la salud, asegurando que se integre adecuadamente con los tratamientos médicos convencionales. Pero, claramente, de cara a mejorar la densidad de masa ósea, a preservar la densidad de masa ósea o a mejorar la funcionalidad de una paciente con osteoporosis, no sé si nos puede aportar algo.

Osteopatía y quiropráctica

La quiropráctica y la osteopatía también son áreas de controversia. No se recomienda su uso debido al riesgo de manipulación brusca que puede causar fracturas en pacientes con osteoporosis. Los masajes, si bien pueden ser beneficiosos para la circulación y la relajación muscular, no deben considerarse una terapia específica para la osteoporosis.

Empecemos por la **quiropráctica**. Es una disciplina de la salud centrada en el diagnóstico y tratamiento de los trastornos mecánicos del sistema musculoesquelético, especialmente de la columna vertebral. Se basa en la idea de que estos trastornos pueden afectar la salud general a través del sistema nervioso. Sus principales técnicas y enfoques son:

- Ajustes espinales. Los quiroprácticos utilizan manipulaciones manuales y ajustes de la columna vertebral para corregir desalineaciones vertebrales (subluxaciones).
- Terapia física y rehabilitación. Se pueden usar técnicas de estiramiento, ejercicios y terapia de masaje para mejorar la movilidad y la función.

Sus beneficios potenciales son:

- Mejora de la movilidad y reducción del dolor. Al corregir las desalineaciones, los ajustes quiroprácticos pueden mejorar la movilidad articular.
- Alineación postural. Una mejor alineación postural puede reducir la carga sobre los huesos debilitados, lo que ayuda a prevenir fracturas y mejorar la calidad de vida.

Pero debemos ser precavidos (y mucho) porque:

- Hay riesgo de fractura. Dado que la osteoporosis debilita los huesos, los ajustes quiroprácticos deben realizarse con extrema precaución para evitar fracturas.

- Integración con otros tratamientos. Es esencial que los tratamientos quiroprácticos se coordinen con otros tratamientos médicos para la osteoporosis.

Específicamente, ni yo personalmente, ni mis compañeros cercanos, recomendamos como algo específico el masaje para el tratamiento de la osteoporosis, porque corremos el riesgo de que hagan una manipulación brusca. Un masaje de fisioterapia es otra cosa. Es muy importante, en este sentido, masajear para mejorar la musculatura que estabiliza la pelvis porque ayuda en el equilibrio y en rodillas. Pero los masajes, específicamente para osteoporosis, no los recomiendo por las razones mencionadas.

Vamos ahora con la **osteopatía**. Se trata de una práctica de la medicina alternativa que se centra en el sistema musculoesquelético, pero aborda el cuerpo como un todo integrado. Fue fundada por el Dr. Andrew Taylor Still a finales del siglo XIX.

¿Qué ofrece?

- Incluye técnicas de manipulación y movilización manuales para mejorar la función del sistema musculoesquelético.
- Enfoque holístico. La osteopatía considera el cuerpo como una unidad interconectada y busca tratar las causas subyacentes de los problemas de salud.

¿Qué beneficios se pueden obtener?

- Mejora de la circulación y nutrición ósea. Las técnicas de manipulación pueden mejorar la circulación sanguínea, lo que puede beneficiar la nutrición y la salud ósea.
- Alivio del dolor y mejora de la función. Al igual que la quiropráctica, la osteopatía puede ayudar a reducir el dolor y mejorar la movilidad.

¿Qué precauciones debemos tener?

- Existe un peligro de lesiones. Al igual que en la quiropráctica, las técnicas manipulativas deben adaptarse a la condición de osteoporosis para evitar el riesgo de fractura.
- Enfoque multidisciplinario. La osteopatía debe complementarse con otros tratamientos médicos para la osteoporosis, como la medicación y la fisioterapia.

Ambas disciplinas pueden ofrecer beneficios para los pacientes con osteoporosis, principalmente en términos de alivio del dolor y mejora de la movilidad. Sin embargo, debido a la fragilidad ósea en la osteoporosis, es crucial que tanto los tratamientos quiroprácticos como osteopáticos se realicen con extrema precaución y se integren con el tratamiento médico basado en la evidencia. La consulta con un profesional de la salud y la coordinación entre disciplinas son fundamentales para asegurar un tratamiento seguro y efectivo.

Cuando estas terapias manuales, complementarias, este ejercicio y movimiento terapéutico o la quiropráctica, o los suplementos nutricionales, se toman un poco a la ligera, puede ser peligroso. Yo creo que ahí está el gran problema. Se toman como sustitutos de la medicina convencional y no debe ser así.

Hierbas y suplementos naturales

El uso de hierbas y suplementos naturales es popular entre los pacientes que buscan enfoques complementarios. Sin embargo, es importante abordar este tema con cuidado debido a las posibles interacciones con medicamentos convencionales y los riesgos asociados con su uso inapropiado.

El ajo y la cebolla, por ejemplo, se han estudiado por su potencial para promover la formación ósea y reducir la resorción ósea, aunque no necesariamente por su contenido y aporte de calcio sino también porque intervienen en la formación, aumentando la creación de hueso o disminuyendo la destrucción, no porque aporten más calcio. Las plantas y hierbas deben ser consideradas como parte de una dieta equilibrada y no como reemplazos de tratamientos convencionales. Como puedes apreciar siempre subrayo esa cuestión. Reemplazar, mal. Complementar con prescripción médica y en función de cada caso, sí.

Haz bien la paella

En resumen, los enfoques complementarios pueden desempeñar un papel positivo en el manejo integral de la osteoporosis. Sin embargo, es crucial que estos métodos se utilicen como complementos y no como sustitutos de la medicina convencional. La evaluación del riesgo individual, la ingesta adecuada de calcio y vitamina D, y la adopción de un estilo de vida saludable son esenciales. El ejercicio físico, especialmente el de fuerza y equilibrio, es fundamental para mantener la salud ósea y prevenir caídas. Aunque hay interés y potencial en el uso de hierbas y terapias alternativas, se necesita más investigación para integrarlas plenamente en las guías clínicas convencionales.

Los estudios y ensayos de todas estas cuestiones siempre concluyen que tiene que haber más evidencia para poder incluirlo en las guías. Por eso no están incluidos, aunque yo no estoy en desacuerdo. Lo entiendo y creo que forman parte de un estilo de vida saludable, porque cuando hablamos del ajo, de la cebolla, de los ácidos grasos, estamos hablando de una dieta que contenga todo esto. Hablamos del magnesio, de la vitamina K2, que implica tener una microbiota sana que la sintetice. Y hablamos de un estilo de vida saludable.

El taichí va bien para muchísimas cosas, entre ellas para el equilibrio. Comer ajo no te va a hacer ningún mal, a no ser que te comas un kilo de ajo de golpe, que igual te mueres. Pero claro, esa cuestión de «vale todo porque la acupuntura me va a ayudar a solucionar mi densidad ósea»... pues como que no. Sentido común ante la pseudociencia.

Para ello, el símil que utilizo en ocasiones en la consulta es el de la paella. Con el tratamiento de la osteoporosis lo fundamental es el sofrito, porque por mucho bogavante que le pongas, si el sofrito no es el que tiene que ser, la paella no va a salir buena ni de lejos. Y el sofrito, ¿qué es? Pues el calcio, la vitamina D, el ejercicio, la vida saludable. Este es el sofrito. Y después si quieres ya le ponemos el bogavante, que puede ser el fármaco o incluso el taichí, que puede (¡claro que sí!) también afectar en positivo a la salud mental y la ansiedad, y entonces sí que tenemos un resultado y la paella nos parece más buena. Pero el sofrito... ¡el sofrito es ciencia!

En definitiva, para mí, querida lectora, la prevención es fundamental y una correcta aplicación de todos los campos de ayuda y mejora (alimentación, vitaminas, medicación, ejercicio). El resto ayuda, si se hace bien. Es importante hacer caso a la medicina y complementar con estos elementos alternativos que no son la cura, pero que ayudan y en algunas ocasiones bastante a nivel psicológico.

A todo esto, se suma que el paso del tiempo y la concienciación de mejora provocan que las pacientes empiecen a «volver a vivir» de una forma activa. Mira a Laura en la sala de reuniones.

En la sala de reuniones, Laura se mantuvo erguida frente a sus colegas, con una presentación que prometía cambiar la forma en que veían el trabajo. Su jefe, conocedor de su valentía y determinación, había apoyado con entusiasmo su propuesta: un proyecto sobre ergonomía inspirado en su experiencia personal con la osteoporosis. Laura había dedicado horas a investigar y preparar un plan que no solo aumentaría la seguridad en el lugar de trabajo, sino que también fomentaría un ambiente más saludable y accesible para todos y todas y en todos los campos.

La presentación fue breve, pero concisa y muy documentada. Cuando Laura terminó, los aplausos llenaron la sala y ella sintió un calor en su pecho que no tenía que ver con las temperaturas de verano. Este pequeño éxito que nació de un «fracaso» era un bálsamo para su autoestima. El éxito del proyecto no solo demostró su capacidad profesional, sino que también reafirmó su valor personal.

Y eso... la hizo más fuerte.

12. Apoyo familiar y social. Responsabilidad y cuidado del paciente en su enfermedad

Dra. Anna Pàmies

Laura entró en la sala del grupo de apoyo. Había decidido unirse a un grupo para compartir su experiencia y aprender de los demás ahora que cada vez se sentía mejor. A medida que las personas empezaron a hablar se dio cuenta de que no estaba sola en su lucha. Las historias de otros, sus desafíos y victorias, resonaban profundamente con la suya. El intercambio de consejos prácticos y palabras de aliento creó un espacio de comprensión genuina y las sonrisas y el apoyo mutuo se convirtieron en una fuente constante de motivación. Laura comenzó a sentirse como parte de una comunidad que la comprendía, y la conexión emocional que encontró en el grupo se convirtió en una parte fundamental de su vida, brindándole todavía más fuerza que la que tuvo esa misma mañana al salir de la sala de reuniones.

Así que los días pasaban y Laura se sentía más equilibrada. Dormía mejor, comía mejor, el tabaco era algo que pertenecía ya al pasado, el ejercicio físico la mantenía en forma. Sin lugar a duda, había aprendido a gestionar sus actividades diarias con cuidado y a encontrar un ritmo que le permitiera disfrutar de la vida sin comprometer su bienestar. A pesar de tener que ser más cautelosa, había encontrado un nuevo sentido de plenitud en su rutina. Su hogar se había adaptado a sus necesidades, y el trabajo se había convertido en un espacio donde podía aplicar lo aprendido para mejorar su vida y la de sus compañeros.

Laura se dio cuenta de que había logrado algo significativo: una vida en la que, aunque no podía hacer todo lo que antes realizaba, disfrutaba cada día con propósito y alegría.

El apoyo entre unidades médicas y entre enfermos: prevenir siempre es mejor que curar

La osteoporosis (OP) es una enfermedad que no da síntomas hasta que aparecen las fracturas por fragilidad, es por este motivo que muchas veces puede pasar desapercibida. La concienciación social y familiar de la enfermedad, incluso la concienciación de los propios pacientes de la importancia de evaluar y tratar la OP, era dificultosa hasta hace unos años.

Desde el año 2012, con la iniciativa Capture The Fracture[1] de la Fundación Internacional para la Osteoporosis (IOF, por sus siglas en inglés),[2] se han creado las Unidades de Fracturas Osteoporóticas o Fracture Liaison Services (FLS) en múltiples centros de nuestro territorio. La implementación de estas unidades ha **formado y capacitado a profesionales interesados en la OP** y esto ha mejorado el cuidado y el tratamiento de los pacientes. De esta forma también el conocimiento de la enfermedad a nivel de profesionales y pacientes se ha difundido e incrementado. El objetivo de las Unidades de Fracturas Osteoporóticas es realizar una correcta prevención secundaria, es decir, tratar a los pacientes que ya han presentado una fractura mayor por fragilidad (de fémur proximal/cadera, húmero proximal, vertebral o radio distal) y que esta fractura se ha producido sin un impacto destacable, es decir, provocada por una caída al suelo estando de pie o sentado. Existen datos que gracias a la implementación de dichas unidades se consigue llegar a una probabilidad significativamente menor de fracturas posteriores (30 %) y mortalidad tras caída (3 %). La reducción de la mortalidad se evidenció en aquellos estudios que compararon los resultados antes y después de la introducción de la Unidad.

La cantidad y calidad de las Unidades creadas a nivel del Estado Español ha influido de forma significativa en hacer difusión de la enfermedad en múltiples niveles: entre los profesionales, a nivel del propio paciente y sus familiares, aumentando el conocimiento sobre la enfermedad y también a nivel social, haciendo una labor de difusión de conocimiento y concienciación que se antoja básico.

Por otro lado, en los últimos años ha habido un incremento a nivel estatal de las **asociaciones de pacientes afectados por OP**, lo que podría indicar el aumento de la concienciación de la población de la importancia de la enfermedad y también de su conocimiento, tanto por parte de los pacientes como de la población general. Las asociaciones de pacientes realizan una labor encomiable de difusión de información veraz y actualizada de la patología, sus causas y consecuencias, así como ofrecen apoyo a los pacientes afectos de la enfermedad.[5, 6] La aparición de estas asociaciones se traduce en una mayor preocupación a nivel social en cuanto a la OP.

Otro ejemplo que la concienciación de la población general y el apoyo social en la OP va en aumento, también a nivel de las instituciones sanitarias, son las **escuelas de prevención de caídas**. Existen varias implementadas recientemente, por ejemplo, en diferentes centros de la provincia de Tarragona.[7, 8] Estas escuelas están pensadas para realizar prevención secundaria (es decir, tratar aquellos pacientes que ya han presentado una factura mayor por fragilidad). En las escuelas de prevención de caídas, diferentes profesionales (personal médico, enfermería, fisioterapeutas) atienden principalmente a personas de edad avanzada, que ya han sufrido una fractura, habitualmente de cadera, para mejorar las tareas cotidianas como agacharse, subir una escalera, levantarse o acostarse, proporcionando herramientas y consejos para realizarlas con menos riesgo de caídas. Además, se trabaja la musculatura, el equilibrio, la fuerza, la potencia y se proporcionan herramientas adaptadas para facilitar su día a día. El principal objetivo, como siempre en la OP, es evitar que las personas vuelvan a caer. Existe la idea generalizada de que es normal caerse a una determinada edad, pero lo cierto es que es evitable igual que también lo son las fracturas por fragilidad asociadas a la OP, utilizando las herramientas adecuadas para la prevención de caídas, además de los tratamientos médicos para la mejora de la masa ósea.

Responsabilidad y cuidado del paciente

En cuanto a la responsabilidad y cuidado del propio paciente, el **primer punto a considerar** es la adherencia del paciente a los tratamientos prescritos. La importancia de tomar correctamente el tratamiento médico prescrito por parte del reumatólogo, el médico de atención primaria o el especialista que le haya visitado para la osteoporosis es fundamental y constituye, sin lugar a duda, el primer paso para evitar fracturas. Existen datos en nuestro medio que reportan que el grado de adherencia de los tratamientos farmacológicos en la OP puede variar entre el 40 % y el 80 %.[9, 10] En general, puede decirse que uno de cada dos pacientes, aproximadamente, sigue el tratamiento al año de iniciarlo.

En segundo lugar, existe evidencia demostrada (perdón por explicarlo otra vez) de que el tratamiento no farmacológico y la prevención de factores de riesgo puede ayudar en el tratamiento de la OP. Uno de los factores de riesgo modificables más importantes es la evitación de los tóxicos, especialmente el abandono del hábito tabáquico[11] y del alcohol. Por otro lado, un correcto aporte de alimentos ricos en calcio, llegando a 1.000-1.200 mg de calcio al día, sería lo más adecuado, así como una exposición solar moderada (evitando las horas de mayor insolación) para la síntesis correcta de vitamina D, en el caso de que no se consigan dichos niveles la suplementación de calcio y vitamina D.[12] El ejercicio y el aumento de la masa muscular evitando o revirtiendo la pérdida de masa muscular o sarcopenia también tiene un impacto demostrado en la mejora de la masa ósea.[13]

Y, por último, es **clave la prevención de las caídas**, además de las escuelas de caídas ya comentadas, pequeños cambios en la deambulación y en el domicilio pueden evitar caídas con graves consecuencias posteriores (véase capítulo 9).[14]

Referencias bibliográficas

1. Capture the Fracture. https://www.capturethefracture.org/
2. International Osteoporosis Foundattion (IOF). https://www.osteoporosis.foundation/
3. *Bone*. (2018). Jun; 111: 92-100.
4. *Osteoporos International.* (2021). Aug; 32(8): 1517-1530.
5. Asociación Española contra la Osteoporosis. https://www.aecosar.es/
6. Fundación hispana de osteoporosis y enfermedades metabólicas óseas. https://www.fhoemo.com/
7. Setmanari L'ebre. (2014). *L'Hospital de Jesús posa en marxa una escola de prevenció de caigudes.* https://setmanari

lebre.cat/lhospital-de-jesus-posa-en-marxa-una-escola-de-prevencio-de-caigudes/

8. Gestió i Prestació de Serveis de Salut. https://gipss.cat/els-nostres-serveis/serveis-ambulatoris/escola-de-preven cio-de-caigudes/
9. Gómez de Tejada Romero, M. J. (2010). La adherencia en el tratamiento de la osteoporosis. *Rev Osteoporos Metab Miner*, *2* (Supl. 4): 10-4.
10. Carbonell Abella, C., Guañabens Gay, N., Regadera Anechina, L., Marín Rives, J. A., Taverna Llauradó, E. y Ayechu Redín, M. P.; ADHEPOR. (2011). Análisis del cumplimiento terapéutico en mujeres con osteoporosis. *Reumatol Clin*, *7*: 299-304.
11. Hou, W., Chen, S., Zhu, C., Gu, Y., Zhu, L., y Zhou, Z. (2023). Associations between smoke exposure and osteoporosis or osteopenia in a US NHANES population of elderly individuals. *Front Endocrinol* (Lausanne), *14*: 1074574.
12. Weaver, C. M., Alexander, D. D., Boushey, C. J., Dawson-Hughes, B., Lappe, J. M., LeBoff, M. S, *et al.* (2016). Calcium plus vitamin D supplementation and risk of fractures: an updated meta-analysis from the National Osteoporosis Foundation. *Osteoporos Int*, *27*(1): 367-76.
13. Clynes, M. A., Gregson, C. L., Bruyère, O., Cooper, C., y Dennison, E. M. (2021). Osteosarcopenia: where osteoporosis and sarcopenia collide. *Rheumatology* (Oxford), *60*(2): 529-537.

14. Sociedad Valenciana de Reumatología. *Prevención de caídas y recomendaciones para pacientes con osteoporosis.* https://svreumatologia.es/wp-content/uploads/2020/01/svr-informacion-paciente-prevencion-caidas-recomendaciones-pacientes-osteoporosis-01.pdf

13. Osteoporosis en casos especiales: premenopausia, corticoides, insuficiencia renal

Dra. Delia Taverner

¿Irse de vacaciones? ¿Justo ahora? ¿A la playa, además? ¿Carlos y sus hijos se habían vuelto locos? ¿No era muy pronto? Laura había mejorado mucho en su ánimo y en su tratamiento. Pero esa sorpresa de Carlos y sus hijos con la sonrisa en el rostro y los billetes de avión en la mano era demasiado.

Laura tenía sus dudas. Ahora todo lo tenía controlado en casa, no sabía si era necesario arriesgarse. Pero quizá no era un riesgo. Quizás era demostrarse que la vida seguía hacia adelante con o sin osteoporosis. Y ya que ella tenía la enfermedad... ¿Quién podía evitar que pudiera seguir hacia adelante sin miedos? Pues ella misma. Así que dejó de hacerse preguntas y se dejó llevar. La familia se iba de vacaciones.

El sol brillaba en el horizonte (¡toma vitamina D!) mientras Laura observaba el mar desde la terraza del hotel. Al principio, sus miedos la habían acompañado en cada paso, pero al llegar al destino se dio cuenta de que la belleza del lugar era un antídoto para su ansiedad. Había previsto cada detalle con cuidado para asegurar su seguridad, pero también había permitido que la anticipación de la aventura despejara sus temores. A medida que caminaba por la playa con Carlos y sus hijos, Ana y Luis, sintió la arena suave entre los dedos de los pies y escuchó el ritmo calmado de las olas. La risa de su familia y las vistas impresionantes le ofrecieron una perspectiva renovada sobre todo lo que había pasado en los últimos meses.

Laura se entregó a cada momento del viaje, desde las caminatas por la costa después de desayunar zumo de naranja (¡toma vitamina C!) hasta las cenas bajo las estrellas. Cenas, eso sí, sin abusar de la carne roja; no importaba, le había cogido el gusto al pescado en todas sus variantes. Qué rico el queso también. Comida saludable, mediterránea. Ñam ñam.

Agarró con fuerza y determinación una sensación de libertad y alegría que le confirmó que aún podía vivir plenamente. Al fin y al cabo, su caso no era tan especial. Así que... ¿por qué no aceptar y continuar?

Caso especial 1. Osteoporosis premenopáusica

La osteoporosis premenopáusica es un caso especial dentro del espectro de la enfermedad, y su manejo requiere una atención particular. Aunque no es común, algunas unidades hospitalarias se especializan en este tipo de osteoporosis debido a su singularidad.

A diferencia de la osteoporosis posmenopáusica, en la que la disminución de estrógenos es la causa principal, la osteoporosis premenopáusica suele tener varias causas subyacentes identificables. Por ejemplo, el uso de glucocorticoides. Estos medicamentos, empleados para tratar diversas enfermedades inflamatorias y autoinmunes, pueden disminuir la densidad ósea en personas jóvenes. Otra causa pueden ser las alteraciones hormonales en mujeres con menopausia precoz (antes de los cuarenta y cinco años) o aquellas con desequilibrios endocrinológicos (diabetes, por ejemplo) que tienen un riesgo mayor de desarrollar osteoporosis. La osteogénesis imperfecta, una enfermedad genética que afecta a la calidad y cantidad del colágeno, puede provocar también osteoporosis en personas jóvenes. Por otro lado, y con menos frecuencia, la osteoporosis puede desarrollarse durante el embarazo o la lactancia debido a los cambios en la demanda de calcio y otras alteraciones fisiológicas. La última causa que me gustaría destacar son las relacionadas con los trastornos de la conducta alimentaria. La anorexia, desgraciadamente común en jóvenes, causa alteraciones hormonales que pueden resultar en osteoporosis y fracturas.

En estos casos, la osteoporosis no suele ser idiopática (sin causa aparente), lo que facilita su manejo mediante la identificación y tratamiento de la causa subyacente. La afectación esquelética en gente joven suele predominar a nivel de columna. En cambio, en los ancianos, se afecta más frecuentemente la cadera.

Para tratar la osteoporosis premenopáusica utilizamos básicamente los protocolos de la posmenopáusica, aunque dando mayor importancia incluso a la prevención y a la educación sanitaria. Es crucial comenzar a cuidar la salud ósea incluso antes de la menopausia, dado que los cambios hormonales que predisponen a la osteoporosis pueden iniciarse años antes de que cesen los ciclos menstruales. Así que, como estamos repitiendo una y otra vez en el resto de los capítulos, la ingesta adecuada de calcio y vitamina D es fundamental, y la actividad física regular (ejercicios de resistencia y los que implican carga de peso), necesaria. Aunque la dieta es la mejor fuente de estos nutrientes, a veces es necesario recurrir a suplementos. Las mujeres deben ser conscientes de la importancia de estos nutrientes desde la adolescencia y mantener buenos niveles a lo largo de su vida.

Un elemento básico relacionado con todo esto es que la prevención debe comenzar con la educación sobre la salud ósea. Muchas mujeres subestiman la importancia de una dieta rica en calcio y la exposición adecuada al sol para la síntesis de vitamina D. Es necesario concienciar sobre estos aspectos desde una edad temprana. Por ejemplo, aunque España es un país soleado, la latitud del país y la polución, la protección solar que utilizamos y otros factores afectan la eficacia de la exposición solar para producir vitamina D. Como es un país soleado, la mayoría de los alimentos no están enriquecidos con vitamina D. En cambio, en los países del centro y norte de Europa se puede comprobar que todos los alimentos ya van suplementados dada la menor exposición solar que tienen a lo largo del día, y esto se refleja en diversos estudios poblacionales donde podemos ver que la hipovitaminosis D es más frecuente en nuestro país que en el resto.

La prevención, por lo tanto, debe ser un esfuerzo continuo. Las mujeres deben estar informadas sobre la importancia de mantener una dieta equilibrada y rica en calcio, junto con niveles adecuados de vitamina D, a lo largo de todas las etapas de la vida.

En resumen, aunque la osteoporosis premenopáusica es menos común, su manejo efectivo requiere la identificación de causas subyacentes, un enfoque preventivo sólido y una educación continua sobre la salud ósea. A través de estas premisas será posible mitigar el impacto de esta enfermedad y mantener una buena calidad de vida.

Caso especial 2. Corticoides

Definamos primero. Los corticoides, también conocidos como corticosteroides, son una clase de hormonas esteroides que se producen de forma natural en la corteza suprarrenal del cuerpo humano. Estas hormonas son cruciales para una variedad de funciones fisiológicas, incluyendo la respuesta al estrés, el metabolismo de carbohidratos, proteínas y grasas, y la regulación de la inflamación y la respuesta inmunitaria. Además, los corticoides se pueden sintetizar artificialmente y se utilizan como medicamentos para tratar una amplia gama de condiciones médicas.

La relación entre los corticoides y la osteoporosis es un tema de gran importancia en la medicina, teniendo en cuenta el amplio uso de estos medicamentos. Aunque los corticoides son esenciales para el tratamiento de diversas enfermedades, su impacto en la salud ósea puede ser significativo. Aquí exploramos cómo y por qué los corticoides afectan la densidad y la calidad ósea, y qué medidas preventivas se deben tomar para mitigar estos efectos. Vamos allá.

Los corticoides actúan como un arma de doble filo. Por un lado, son cruciales para el tratamiento de enfermedades inflamatorias y autoinmunes, como la artritis reumatoide, el lupus y la enfermedad de Crohn. Por contra, estos medicamentos también pueden deteriorar la salud ósea, especialmente durante el primer año de tratamiento, donde se observa una pérdida ósea significativa. Esta pérdida se estabiliza en años posteriores, pero el riesgo persiste mientras el paciente continúe el tratamiento con corticoides.

Uno de los aspectos más críticos de la osteoporosis inducida por corticoides es su impacto en el hueso trabecular. Este tipo de hueso, que se encuentra predominantemente en las vértebras, es más susceptible a los efectos nocivos de los corticoides que el hueso cortical, que se encuentra en la cadera. Esta diferencia es crucial, ya que significa que los pacientes en tratamiento con corticoides deben ser monitorizados de cerca para prevenir fracturas vertebrales, que son más comunes en estos casos.

Como ya sabemos, la densitometría ósea es una herramienta esencial para diagnosticar la osteoporosis, ya que mide la densidad mineral ósea. Sin embargo, los corticoides no solo disminuyen la cantidad de hueso, sino que también afectan a su calidad. Esta distinción es vital porque una densitometría normal puede no reflejar el daño causado por los corticoides. Los corticoides alteran la estructura del hueso, lo que debilita su integridad y lo hace más propenso a fracturas, incluso si la densidad mineral ósea parece normal en pruebas efectuadas.

Para mitigar el riesgo de osteoporosis inducida por corticoides, la prevención (una vez más) es clave. Las guías clínicas recomiendan que cualquier paciente que vaya a estar en tratamiento con corticoides durante más de tres meses y a dosis medias-altas debería recibir tratamiento preventivo para la osteoporosis. Los bisfosfonatos son los fármacos más utilizados para este propósito. Estos medicamentos ayudan a mantener la densidad ósea y prevenir fracturas (véase capítulo 6). Además, otros tratamientos como la teriparatida, un osteoformador, pueden ser considerados en casos más severos o cuando ya existen fracturas. La teriparatida se administra mediante inyecciones diarias y es altamente eficaz, aunque su régimen puede ser exigente para algunos pacientes (consulta, una vez más, el capítulo 6).

Por todo ello, los profesionales de la salud deben estar atentos y proactivos en la monitorización de la salud ósea de sus pacientes, especialmente aquellos con enfermedades que requieren el uso prolongado de corticoides. ¿Quién toma corticoides? Pacientes con enfermedades inflamatorias intestinales, con enfermedades reumáticas, con inflamaciones oculares o con asma bronquial, entre muchos otros. En algunos estudios ya se empieza a valorar si los corticoides inhalados podrían condicionar osteoporosis. Hay que destacar que no solo es importante la cantidad tomada de forma diaria, sino el tratamiento sugerido a lo largo del año. De esta manera las guías médicas al respecto indican que, si el paciente va a requerir tratamiento durante más de tres meses a dosis medias-altas, hay que realizar tratamiento preventivo, por ejemplo, con un bisfosfonato.

Para ejemplificarlo de una forma metafórica, podemos imaginar los corticoides como un río poderoso que fluye a través de un valle. Este río es vital para la vida en el valle, proporcionando el agua necesaria para la supervivencia. Sin embargo, si no se controla adecuadamente, el río puede erosionar sus márgenes, debilitando la tierra y poniendo en peligro las estructuras construidas en sus orillas. De manera similar, los corticoides son esenciales para tratar ciertas enfermedades, pero si no se manejan con cuidado pueden alterar la calidad del hueso, poniendo en riesgo la salud ósea del paciente.

En conclusión, la osteoporosis inducida por corticoides es una condición seria que requiere una atención especial y un enfoque preventivo. Con una monitorización cuidadosa, la educación y la implementación de tratamientos adecuados (y con dosis y frecuencia apropiada) es posible minimizar los riesgos y proteger la salud de los huesos de los pacientes que necesiten de estos importantes medicamentos.

Caso especial 3. Insuficiencia renal

La insuficiencia renal representa un desafío complejo en el manejo de la osteoporosis, ya que el deterioro en la función renal afecta directa y significativamente el metabolismo del calcio y del fósforo. La insuficiencia renal, medida por el filtrado glomerular, se clasifica en diferentes estadios, siendo particularmente problemático cuando este filtrado cae por debajo de 30 ml/min. En estos casos, los tratamientos convencionales para la osteoporosis pueden estar contraindicados debido a su potencial de empeorar la función renal. Debo aclarar que el filtrado glomerular es un proceso crucial en el funcionamiento del riñón y se refiere a la cantidad de sangre que los glomérulos (red de pequeños vasos sanguíneos o capilares que están situados en la unidad funcional del riñón, o sea, en el nefrón) de los riñones filtran por minuto. Este proceso es vital para eliminar desechos y exceso de líquidos del cuerpo, manteniendo el equilibrio de electrolitos y regulando la presión arterial.

El papel del riñón en el metabolismo óseo

El riñón juega un rol crucial en la síntesis de la vitamina D, que ya sabemos esencial para la absorción de calcio. Cuando el riñón falla la vitamina D no se activa adecuadamente, lo que lleva a un aumento de la hormona paratiroidea (PTH). Esta hormona, en un esfuerzo por mantener los niveles de calcio en sangre, extrae calcio de los huesos y contribuye a la descalcificación ósea y aumenta el riesgo de osteoporosis.

Hasta hace pocos años, los pacientes con insuficiencia renal grave tenían opciones muy limitadas para tratar la osteoporosis debido a la contraindicación de muchos medicamentos. Sin embargo, la introducción del denosumab (comercialmente conocido como Prolia) ha cambiado el panorama (véase capítulo 6). Este medicamento ha demostrado ser seguro en pacientes con insuficiencia renal grave, ofreciendo una opción viable para fortalecer los huesos sin afectar negativamente la función renal.

Algo muy visual y de fácil comprensión es entender que la relación entre la insuficiencia renal y la osteoporosis como una rueda compleja donde la disfunción renal desencadena una cascada de problemas metabólicos. La falta de vitamina D activa lleva a un hiperparatiroidismo secundario, lo que a su vez incrementa la resorción ósea. Además, la incapacidad del riñón para excretar adecuadamente el fósforo contribuye a la calcificación vascular y aumenta el riesgo cardiovascular. Dicho de forma más clara aún: si el riñón no funciona, la vitamina D no funciona. Cuando baja la vitamina se estimula la PTH, y esta PTH coge calcio del hueso. Los huesos, entonces, se descalcifican. Cuando el riñón no funciona todo se complica.

Por todo ello, el manejo de pacientes con insuficiencia renal y osteoporosis requiere una estrecha colaboración con los nefrólogos, especialmente cuando el filtrado glomerular es bajo. La prevención de la osteoporosis en estos pacientes es fundamental, y los bisfosfonatos se utilizan comúnmente en fases iniciales, mientras que el denosumab se reserva para casos más graves. Es decisivo realizar densitometrías óseas y monitorear los niveles hormonales y de minerales para adaptar el tratamiento de manera efectiva y segura.

Está claro pues que la insuficiencia renal introduce una capa adicional de complejidad en el tratamiento de la osteoporosis. La clave está en un enfoque multidisciplinario que considere tanto la salud ósea como la función renal, utilizando tratamientos que no exacerben la condición renal mientras se combate la descalcificación ósea. Gracias a medicamentos como el denosumab es posible ofrecer a estos pacientes una mejor calidad de vida sin comprometer la función renal.

Reflexionemos sobre lo específico

Me gustaría acabar este capítulo antes que paséis página y os vayáis al siguiente con una reflexión pronunciada por el reconocido investigador en salud ósea Dr. Robert P. Haney (1927-2016):

> La salud ósea es el resultado de un delicado equilibrio entre la formación y la resorción ósea. La clave para manejar la osteoporosis en **cualquier contexto especial** es entender los factores que desequilibran este proceso y abordarlos con **intervenciones específicas y oportunas**.

Estas palabras subrayan la importancia de una atención personalizada y proactiva en el manejo de la osteoporosis, adaptada a las necesidades individuales de cada paciente. Y eso me parece fundamental siempre y, si cabe, más aún en los casos especiales que hemos abordado. Ahora ya puedes pasar página y leer los dos últimos capítulos de este libro que actúan a modo de resumen y reflexión final.

14. Un resumen esperanzador

Dr. Carlos Tomàs

En su estudio, rodeada de lienzos en blanco y pinceles, Laura encontró una nueva pasión. Se había apuntado a un curso de pintura para explorar una afición que no presentara riesgos físicos y que la mantuviera ocupada. Y se había dado cuenta de lo que le gustaba pintar. Le permitía expresar sentimientos y sacarlos a pasear.

Cada trazo en el lienzo se convirtió en una expresión de su creatividad y un escape de sus preocupaciones diarias. Los colores y las formas que surgían bajo sus manos no solo embellecían sus espacios, sino que también llenaban su corazón de alegría. La pintura se convirtió en una nueva forma de meditación y una fuente de satisfacción personal insuperable. Cada obra terminada era un recordatorio de su capacidad para encontrar belleza y significado en nuevas formas, demostrando que el arte también era una forma de sanar.

Acompañar y concienciar

Mi idea principal en este capítulo es resumir aspectos básicos de todo lo dicho y también, de alguna forma, acompañar y concienciar a los pacientes de que, tal y como la OMS definió en 1993, la osteoporosis es una enfermedad y, como tal, hay que procurar prevenirla (antes de que se produzca la fractura) y tratarla (cuando se haya producido la fractura) para minimizar el riesgo de nuevas roturas.

Para entender mejor lo que digo podemos hacer un símil con la enfermedad cardiovascular. Así, la osteoporosis es a la fractura por fragilidad como la aterosclerosis es a la enfermedad cardiovascular. Es de dominio público, y no solo científico, que la aterosclerosis es el mecanismo fisiopatológico que conduce a la cardiopatía isquémica y al accidente vascular cerebral y todos aquellos factores (HTA, diabetes mellitus, dislipemia, obesidad, sedentarismo, tabaquismo, entre otros) que desarrollan una aterosclerosis (endurecimiento de los vasos sanguíneos, en especial de las arterias) se conocen como factores de riesgo de enfermedad cardiovascular. La osteoporosis es el mecanismo fisiopatológico que conduce a la fractura por fragilidad y todos aquellos factores (enfermedades, fármacos, hábitos tóxicos, características genéticas) que desarrollan una osteoporosis se conocen como factores de riesgo de fractura. Pero la osteoporosis, como la aterosclerosis, son mecanismos fisiopatológicos silentes y, como tal, no son percibidos por el paciente. De manera que cuando a un paciente se le comunica que está desarrollando una osteoporosis no tiene percepción de enfermedad ni conocimiento de que la vaya a desarrollar.

¿Qué provoca la fractura?

¿Qué sufren los pacientes, sobre todo con fracturas osteoporóticas? Ansiedad, depresión, actividades rutinarias mermadas, dolor, discapacidad, disminución de la esperanza de vida, y esta enfermedad crónica y silente acompañará al paciente a lo largo de toda su vida.

Como también se ha explicado en otros capítulos, el tratamiento de la osteoporosis es multifactorial. El uso de los fármacos hay que acompañarlo con la adquisición de unos hábitos saludables. Ya se ha explicado la importancia de abandonar hábitos tóxicos como el tabaco y el alcohol (su médico de atención primaria puede ayudarle con estos objetivos), que favorecen la pérdida de tejido óseo. La necesidad de lograr una ingesta suficiente de calcio con la alimentación y de obtener unos niveles idóneos de vitamina D para una correcta formación y mineralización del hueso. Estos hábitos, junto con los fármacos, equilibran el remodelado óseo para frenar el desarrollo de la osteoporosis. Un remodelado óseo, que, por otro lado, es necesario para sustituir el hueso envejecido por hueso sano. Y es el ejercicio, con cierta carga física, el responsable de activarlo. La adquisición de estos hábitos con un ejercicio físico sostenido en el tiempo no solo mejorará la salud ósea, sino también la salud en general, cardiovascular, metabólica. Será entonces cuando el paciente perciba una mejoría en su estado general de salud. Los médicos sabemos, gracias a la evidencia científica, que la adquisición de estos hábitos saludables y el tratamiento farmacológico, si está indicado, van a mejorar la salud ósea de los pacientes. Por lo tanto, debemos diseñar estrategias que permitan mejorar la calidad de vida de estos pacientes.

Herramientas

¿Qué herramientas tenemos a nuestra disposición?

- Ejercicios en la web de la Sociedad Española de Rehabilitación (www.sermef.es): disponemos de ejercicios para el paciente con OP, según el estadio de su enfermedad, e incluso podemos personalizarlos. La Sociedad Española de Rehabilitación y Medicina Física (SERMEF) ofrece una variedad de ejercicios específicos para pacientes con osteoporosis en su plataforma de ejercicios. Estos ejercicios están diseñados para fortalecer los huesos y mejorar la movilidad y la resistencia, lo cual es crucial para prevenir fracturas y mantener una buena calidad de vida. Fortalecen los músculos (isométricos y dinámicos), mejoran la postura (estiramientos), aumentan la densidad ósea (ejercicios de bajo impacto como caminar o el uso de máquinas elípticas), mejoran la coordinación (movimientos diseñados para mejorar la estabilidad y la coordinación). Para aquellos que ya han desarrollado una base de fuerza y resistencia, SERMEF también ofrece programas avanzados que incluyen ejercicios más intensivos y específicos para diferentes áreas del cuerpo afectadas por la osteoporosis. Estos programas están diseñados para adaptarse a las necesidades individuales y progresar a medida que el paciente mejora su condición física.

- Dieta para mejorar los niveles de vitamina D. Disponemos de unas pautas en la web de la Sociedad Española de Endocrinología y Nutrición (www.seen.es) en el apartado de pacientes con OP (véase capítulo 7).
- Prevención de caídas en International Osteoporosis Foundation (IOF): podemos encontrar directrices claras a seguir para evitar nuevas caídas (véanse capítulos 8 y 9).
- En la web de la AECOSAR (Asociación Española con la Osteoporosis y la Artrosis) podemos encontrar la prueba de riesgo de la IOF; en el apartado Actividad Física/Ejercicios existe una web multimedia con ejercicios para la OP. La prueba de riesgo de la IOF (International Osteoporosis Foundation) disponible en la web de AECOSAR es una herramienta diseñada para evaluar el riesgo individual de fracturas osteoporóticas. Esta prueba tiene como objetivo ayudar a identificar a las personas que pueden tener un mayor riesgo de desarrollar osteoporosis o sufrir fracturas debido a la baja

densidad ósea. La prueba de riesgo de la IOF funciona de la siguiente forma:

1. Cuestionario. La prueba consiste en un cuestionario que incluye preguntas sobre factores de riesgo conocidos para la osteoporosis y las fracturas. Las preguntas pueden abordar temas como:
   - Historia familiar de osteoporosis o fracturas.
   - Antecedentes personales de fracturas.
   - Uso de ciertos medicamentos que pueden afectar a la densidad ósea.
   - Factores relacionados con el estilo de vida, como el consumo de tabaco y alcohol, y la actividad física.
   - Presencia de enfermedades crónicas que pueden influir en la salud ósea.
2. Evaluación del riesgo. Una vez completado el cuestionario se evalúan las respuestas para determinar el nivel de riesgo del individuo. La evaluación proporciona una estimación de la probabilidad de que la persona sufra una fractura osteoporótica en el futuro.
3. Resultados y recomendaciones. Basado en el nivel de riesgo identificado, la prueba puede ofrecer recomendaciones sobre medidas preventivas y la necesidad de consultar a un profesional de la salud. Estas recomendaciones pueden incluir cambios en el estilo de vida, suplementos de calcio y vitamina D, o la realización de estudios más detallados como la densitometría ósea.

Ofrece los siguientes beneficios:

- Identificación temprana. Ayuda a identificar a las personas en riesgo antes de que ocurran fracturas, lo que permite tomar medidas preventivas.
- Educación. Incrementa la concienciación sobre la osteoporosis y los factores de riesgo asociados.
- Guía de acción. Proporciona una base para discutir con los profesionales de la salud las estrategias de prevención y tratamiento adecuadas.

Experiencia personal y deseos de futuro

Mi experiencia con pacientes que han conseguido mejorar su calidad de vida con estas pautas saludables me lleva a insistir de forma reiterativa que hagan lo posible para adoptarlas. La experiencia nos está indicando que la predisposición para tener una actitud positiva en lograr unos hábitos saludables constituye la primera piedra en la estrategia terapéutica para conseguir, no solo prevenir, sino también tratar una enfermedad. Y la osteoporosis, como enfermedad silente que es, no es una excepción, sino todo lo contrario. También encontramos otros pacientes de éxito en la página web de la IOF, en el apartado Patients/Patients Stories y me gustaría destacar alguno a modo general e ilustrativo:

1. Peter Watts. Peter sufría de dolores de espalda durante años, diagnosticado incorrectamente como una

simple distensión muscular. A pesar de múltiples fracturas en los tobillos y la muñeca, no se le mencionó la osteoporosis hasta que contactó a la Irish Osteoporosis Society. Tras un escaneo DXA se le diagnosticó osteoporosis severa en la columna y cadera. Con el tratamiento adecuado y cambios en su estilo de vida Peter pudo gestionar mejor su condición y mejorar su calidad de vida

2. Silvia. Tras un diagnóstico de cáncer de mama, Silvia tuvo que someterse a una mastectomía, quimioterapia y terapia hormonal, lo que la llevó a una menopausia inducida a los cuarenta y cuatro años. En 2016, una caída leve le fracturó dos vértebras, lo que reveló que padecía de osteoporosis. Gracias a un tratamiento antirresortivo y suplementos de calcio y vitamina D, Silvia ha mejorado significativamente su densidad ósea y planea volver a esquiar, un deporte que ama.
3. Anne. A los cincuenta años, Anne fue diagnosticada con osteoporosis tras fracturarse varias vértebras. Se le administró tratamiento con bisfosfonatos y adoptó un régimen de ejercicio y dieta rica en calcio. Gracias a su perseverancia y manejo adecuado de la enfermedad, Anne ha mantenido una vida activa y sin nuevas fracturas, demostrando que es posible vivir bien con osteoporosis con el tratamiento adecuado y apoyo médico.

Estos testimonios destacan la importancia de un diagnóstico temprano, el tratamiento adecuado y el apoyo de organizaciones especializadas para mejorar la calidad de vida de los pacientes con osteoporosis. Nuestra Laura también ha vencido. La importancia de este capítulo es, por tanto, no solo resumir algunos conceptos muy bien explicados por mis colegas, sino también ayudar a responsabilizar a los pacientes para que adquieran hábitos saludables y realicen ejercicio en función de su capacidad física para mejorar su estado general. Todo ello favorecerá la adquisición de una buena salud ósea.

Es necesario que los médicos, y la sociedad en general, conciencien a las personas de las consecuencias de una osteoporosis no diagnosticada o mal controlada. La educación para adquirir unos hábitos saludables, ya desde la infancia y durante todo el resto de la vida, no solo disminuirá el riesgo de desarrollar una OP y atenuará sus efectos en caso de desarrollarla, sino que además ayudará a mejorar otros estados de salud que redundarán en una mejor calidad de vida.

Una esperanza es que la instauración de las Unidades de Detección de Fracturas (FLS) permita objetivar la eficacia de la respuesta del tratamiento de la osteoporosis y de esta manera se pueda adquirir esta percepción personal para pacientes y médicos. Estas unidades (véase capítulo 12), ya instauradas hace unos años en algunos hospitales públicos, están formadas por un equipo multidisciplinar, compuesto por reumatólogos, traumatólogos, rehabilitadores, enfermeras, psicólogos y nutricionistas, cuyo objetivo es tratar los pacientes con osteoporosis, con una visión global y verdaderamente integrativa y holística de su enfermedad.

El futuro es esperanzador.

15. Recursos útiles: organizaciones, libros y sitios web de confianza

Dra. Katerine López

Laura caminaba por la calle con el sol comenzando a elevarse sobre el horizonte. La brisa fresca matinal acariciaba su rostro, y el sonido de la música brotando de sus auriculares le ofrecía una melodía tranquilizadora muy lejos del ruido de hace unos meses. Ahora, por fin, sentía una profunda paz.

Cada paso era firme y seguro. Miró al suelo. Las hojas caídas habían creado una alfombra verdosa y resbaladiza en la acera. Recordó lo ocurrido hace ya un año. Puso su zapato encima de las hojas y siguió caminando. Sonrió.

Esa mañana no solo marcaba el inicio de un nuevo día, sino también la culminación de su viaje hacia una vida llena de esperanza, equilibrio (nunca mejor dicho) y realización.

Al fin y al cabo, Laura siempre había sido una mujer de carácter positivo y enérgico. Definitivamente encarando los desafíos de la vida. Y este era uno más para demostrarse que era una mujer no tan frágil como se pensaba al principio de todo esto.

Tú también eres Laura.

Este último capítulo proporciona a modo de capítulo de consulta una guía base con recursos disponibles para los pacientes con osteoporosis. No se trata de una bibliografía exhaustiva, sino que he seleccionado aquellos textos, webs y organizaciones que me parecen fundamentales y básicos tanto para el conocimiento como la consulta. Detallo la existencia de sociedades médicas y fundaciones dedicadas a la investigación y el apoyo en osteoporosis, describiendo sus servicios básicos como líneas de ayuda, grupos de apoyo y materiales educativos.

Refiero libros y literatura especializada escritos por expertos que ofrecen información precisa y accesible sobre la enfermedad, cubriendo desde su fisiopatología hasta estrategias de prevención y tratamiento.

Identifico, por último, también sitios web confiables respaldados por instituciones médicas que brindan recursos educativos actualizados y revisados por pares.

Organizaciones y fundaciones dedicadas a la OP

- Fundación Internacional de Osteoporosis (IOF). www.osteoporosis.foundation

Organización sin fines de lucro, dedicada a la prevención, diagnóstico y tratamiento de la osteoporosis y las enfermedades óseas relacionadas. Y básicamente, su misión es mejorar la calidad de vida de las personas mediante la sensibilización, prevención, diagnóstico y el tratamiento adecuado. Dentro de los recursos ofrecidos, publicaciones, guías clínicas, programas educativos, campañas de concientización, conferencias y eventos internacionales.

La IOF es un recurso integral que proporciona una información actualizada y basada en evidencia, ideal para profesionales de la salud y pacientes que buscan profundizar en el conocimiento de la osteoporosis. La página web ha sido traducida a cinco idiomas y en ella se encontrará consejos prácticos y sencillos para fortalecer los huesos y minimizar el riesgo de fractura osteoporótica.

Dentro de sus últimos proyectos está la plataforma *Build Better Bonds* (construir mejores huesos), que ofrece una orientación para ayudar a las personas con osteoporosis a tomar medidas proactivas hacia unos huesos más fuertes.

- Fundación Nacional de Osteoporosis (NOF). www.nof.org

Esta fundación se enfoca en apoyar a la investigación y la educación sobre la Osteoporosis en los Estados Unidos, que tiene como objetivo reducir la incidencia de fracturas mediante la promoción de la salud ósea. Dentro de los recursos ofrecidos está la información educativa para pacientes, cuidadores y profesionales de la salud, programas de apoyo, investigación y políticas de salud pública. Es especialmente útil para pacientes y cuidadores en Estados Unidos, ofreciendo recursos, acceso accesibles y programas de apoyo.

- Sociedad Española de Investigación Ósea y del Metabolismo Mineral (SEIOMM). www.seiomm.org

Es una organización científica en España que promueve la investigación y la educación en el campo de la osteoporosis y otras enfermedades metabólicas óseas. Recursos ofrecidos: congresos, publicaciones científicas y guías de práctica clínica. Es un recurso valioso para los profesionales de la salud en España, ofrece guías clínicas y oportunidades de educación continua.

Bibliografía recomendada

- *Osteoporosis: A Guide to Prevention and Treatment* escrito por Robert Marcus y David W. Dempster. Publicado por Academic Press. ISBN: 9780124158535

Este libro ofrece una visión completa sobre la prevención y tratamiento de la osteoporosis, abarcando los fundamentos básicos hasta los enfoques terapéuticos avanzados. Público objetivo o dirigido a profesionales de la salud y estudiantes de Medicina. Estrategias de manejo, innovaciones en el tratamiento y estudios de casos. Es una lectura esencial para cualquier profesional de la salud que desee profundizar en el tratamiento de la osteoporosis.

- *The Osteoporosis Book: Bone Health* escrito por Gwen Ellert. Publicado en 2011 por Roman House Publishing. ISBN: 9780981329306

Es un recurso accesible y práctico que brinda consejos sobre cómo mantener la salud ósea y manejar la osteoporosis, pero en la vida diaria. El público objetivo serían pacientes, cuidadores y público en general. Contiene guías de nutrición, ejercicios recomendados y experiencias personales. Habla también de estrategias de prevención. Es ideal para pacientes que buscan información práctica y fácil de entender sobre cómo manejar su condición día a día.

- *Primer on the Metabolic Bone Diseases and Disorders of Mineral Metabolism* escrito por Clifford J. Rosen. Publicado por Wiley-Blackwell en 2008.

Se trata de un texto de referencia en el campo de las enfermedades metabólicas óseas, ampliamente utilizado por investigadores y clínicos. El público objetivo serían los profesionales de la salud e investigadores. Y el contenido destacado son datos de investigación, mecanismos biológicos y tratamientos emergentes. Un recurso para aquellos involucrados en la investigación y el tratamiento avanzado de la osteoporosis.

Sitios web y plataformas en línea

- Fundación Española de Reumatología (FER)

www.ser.es/fundacion-espanola-de-reumatologia-fer/

Esta es una fundación sin fines de lucro que trabaja en estrecha colaboración con la Sociedad Española de Reumatología.

www.inforeuma.com

Se trata de una página web española, iniciativa de la FER, que brinda información y recursos sobre las enfermedades reumáticas y, además, proporciona acceso a noticias recientes en el campo de la reumatología, estudios científicos relevantes, y herramientas educativas para mejorar la calidad de vida de los pacientes que padecen osteoporosis.

- MedlinePlus

www.medlineplus.gov

Portal de información de salud de la Biblioteca Nacional de Medicina de los Estados Unidos, que proporciona información confiable y actualizada sobre la osteoporosis. Recursos ofrecidos: artículos educativos, vídeos informativos, enlaces a investigaciones recientes. Excelente recurso para obtener información confiable y accesible sobre la osteoporosis y otros temas de salud.

- Clínica Mayo

www.mayoclinic.org

Ofrece una información detallada sobre la osteoporosis, incluyendo síntomas, diagnóstico, tratamiento y prevención. Recursos ofrecidos: guías de tratamiento, artículos de investigación y fórums de discusión. Es ideal para pacientes y cuidadores que buscan información detallada y basada en evidencia científica sobre la osteoporosis. Existen foros de discusión entre pacientes lo que facilita un apoyo social entre iguales.

- National Institutes of Health Osteoporosis and Related Bone Diseases

www.bones.nih.gov

Información detallada sobre enfermedades óseas, incluyendo la osteoporosis, con recursos educativos y de investigación.

Las organizaciones, los libros y los sitios web mencionados en el capítulo ofrecen una base sólida de conocimientos y apoyo para pacientes, cuidadores y profesionales de la salud. Mantenerse informado y conectado con la comunidad de la salud ósea es vital para enfrentar a los desafíos.

Y, sobre todo, y muy importante a nivel científico, este apartado permite que los lectores puedan acceder a una información confiable y no al ruido que ofrece la web donde demasiados comentarios tienden a preocupar en exceso a los pacientes.

Espero que sea de utilidad para todos y todas.

Anexo. Quién es quién

Dr. Alfons Lorenzo

Médico especialista en Medicina Interna (especialidad MIR cursada en Hospital Joan XXIII de Tarragona), y adjunto del Servicio de Medicina Interna del Pius Hospital de Valls (Tarragona). Es también responsable de la Unidad de Diagnóstico Rápido y responsable de la Consulta de Enfermedades Inflamatorias y Autoinmunes Sistémicas en Pius Hospital de Valls.

Dra. Mariela del Carmen Uyaguari Morocho

Desde 2023 es facultativa especialista en Reumatología en el Hospital Verge de la Cinta de Tortosa. Residente de la especialidad de Reumatología del Hospital Universitario La Paz, Madrid, España (2019-2023). Socia de la Sociedad Española de Reumatología (2019-actualidad). Licenciada en Medicina por la Universidad de Cuenca, Facultad de Ciencias Médicas, Ecuador (2008-2014)

Dra. Dolors Martínez

Licenciada en Medicina y Cirugía por la Universidad de Barcelona. Facultad de Medicina de Reus (1985-1991). Especialista en Reumatología en el Hospital de Bellvitge (1993-1997). Combina la asistencia pública en el Hospital de Santa Tecla con la asistencia privada en el Hospital Viamed Monegal y en el Centro MQ Reus. Es miembro de la Sociedad Española de Reumatología y de la SEIOMM (Sociedad Española de investigación ósea y metabolismo mineral).

Dra. Sonia Castro

Licenciada en Medicina por la Universidad de Barcelona (2004). Obtuvo su título de Especialista en Reumatología en 2009. Desde 2019 es profesora asociada en la Universidad Rovira i Virgili.

Dra. Meritxell Castellanos

Licenciada en Medicina y Cirugía, 1990-1996. Especialidad en Reumatología, H. Sant Pau (Bcn), 1997-2001. Médico de Urgencias en los siguientes hospitales: Hospital Sant Pau (Bcn), 1997-2001, Hospital l'Esperança (Bcn), 2001-2002, Hospital Municipal (Badalona) 2001-2023. En este último también ejerció como reumatóloga. Actualmente es reumatóloga en el Hospital del Vendrell-Xarxa Tecla (Tarragona). Además, es miembro de la SER (Sociedad Española de Reumatología) y de la SEMERGEN.

Dra. Delia Taverner Torrent

Licenciada en Medicina y Cirugía en la Universidad Autónoma de Barcelona (Unidad Docente, H. Sant Pau) desde 2003. Especialidad de Reumatología en el Hospital del Mar i l'Esperança desde 2004 al 2008. Desde 2009 realiza su actividad asistencial como adjunta de Reumatología en el Hospital Sant Joan de Reus y en julio de 2020 defiende la tesis por la que se le otorga el grado de Doctora por la Universidad Rovira i Virgili.

Dra. Ester Costa Moya

Graduada en Medicina por la Universitat Internacional de Catalunya en 2018. Realiza la especialidad de Reumatología en el Parc Taulí Hospital Universitari desde 2019 hasta 2023. Desde 2023 realiza actividad asistencial como adjunta de Reumatología en el Hospital Universitari Sant Joan de Reus.

Sra. Áurea Peña

Es Dietista-Nutricionista colegiada (CAT.000926) con 10 años de experiencia en consulta de nutrición clínica y deportiva. Diplomada en Nutrición Humana y Dietética por la Universidad Rovira i Virgili. Máster en Nutrigenómica y nutrición personalizada por la Universidad de las Islas Baleares. Posgrado en Farmacología, Nutrición y suplementación en la Actividad Física en la UB. Posgrado en Nutrición y Dietética aplicada en la Actividad Física en el Colegio de Dietistas-Nutricionistas de Catalunya. Antropometrista Nivel I por la ISAK. Actualmente cursa el máster de Psiconeuroinmunología clínica y nutrición funcional en la academia Soy Pro.

Sra. Pilar Alamillo Pérez-Grueso

DUI-Universitat de Barcelona (1982-1985). Desde el año 2015 es enfermera del servicio de Reumatología del Hospital Universitario Joan XXIII de Tarragona. Máster en Investigación en Enfermería.

Sra. Josepa Roig

Tiene una amplia experiencia profesional en enfermería: Centro de Atención Primaria Sagessa (Riudoms) 2010-2012, Laboratorio Echevarne (Tarragona) 2020-2021, Reuma Tarragona (María José Poveda Elices) 2020-actualidad. Se ha formado en el Máster de Curas de Enfermería a la atención Primaria (CADI) del Instituto de Formación Continua – IL3 Universidad de Barcelona 2017-2019. Diploma de Postgrado en práctica Quirúrgica. Fundación URV 2017-2018. Diploma Universitario de Enfermería. Universidad Rovira i Virgili (URV), Campus Terres del Ebro 2007-2010.

Dra. María José Poveda

Licenciada en Medicina y Cirugía por la Universidad de Salamanca (1989). Especialista en Reumatología vía MIR en el Hospital 12 de Octubre de Madrid (1994). Médica adjunta de Reumatología en hospital Nuestra Sra de La Antigua en Zumárraga (Guipuzcoa) (1996-1997). Médica adjunta de Reumatología en hospital Pius Hospital de Valls (Tarragona) (2006). Médica adjunta de Reumatología en el Hospital Universitari Joan XXIII de Tarragona (2006-actualidad). Fundadora y Directora Médica de la clínica Reuma Tarragona (2019-actualidad).

Dra. Anna Pàmies

Licenciada en Medicina 2000-2006 por la Universitat Rovira i Virgili, MIR en Reumatología en el Hospital de Mar-Parc de Salut Mar de Barcelona entre los años 2007 y 2011. Facultativa especialista en Reumatología en el Hospital de Tortosa Verge de la Cinta y en el Hospital Universitario Joan XXIII de Tarragona desde 2012 hasta 2020. Desde agosto de 2020 trabaja como jefe de sección de Reumatología en el Hospital de Tortosa Verge de la Cinta y además lidera la Unidad de Fracturas Osteoporóticas en el Hospital de Tortosa Verge de la Cinta. Completan su formación un Máster Universitario en Envejecimiento y Salud por la Universitat Rovira i Virgili. Actualmente doctoranda en la misma universidad.

Dr. Carlos Tomàs

Licenciado en Medicina y Cirugía en el año 1987 por la Universidad de Barcelona (UB). Especialista en Reumatología en el año 2001, después de haber hecho la residencia en el Hospital Vall d'Hebron de Barcelona entre los años 1997 y 2001.

Ha trabajado como médico de atención primaria en el distrito de Sants-Montjuïc de Barcelona durante ocho años (1989-1997), y también como médico adjunto de Urgencias (MAU) entre los años 2001 y 2005 en el Hospital Vall d'Hebrón de Barcelona. En el Hospital Comarcal de Mora d'Ebre, el Hospital comarcal de Amposta y en el Hospital Verge de la Cinta (donde trabaja actualmente) ha ejercido como médico adjunto desde el año 2005.

Dra. Katerine López Gloria

Reumatóloga con formación MIR en el Hospital Universitario Gregorio Marañón de Madrid, actualmente cursando un máster en Enfermedades Autoinmunes. Trabaja en el hospital Verge de la Cinta, que cuenta con la certificación FLS Excellence, y combina su actividad en el ámbito privado y público. Tiene un especial interés en la osteoporosis y experiencia en el manejo de enfermedades autoinmunes.

Su opinión es importante.
En futuras ediciones, estaremos encantados
de recoger sus comentarios sobre este libro.

Por favor, háganoslos llegar a través de nuestra web:

www.plataformaeditorial.com

Para adquirir nuestros títulos,
consulte con su librero habitual.

«I cannot live without books».
«No puedo vivir sin libros».
THOMAS JEFFERSON

Desde 2013, Plataforma Editorial planta un árbol
por cada título publicado.